日本で唯一のヘビ専門
動物園・研究所

ジャパン・スネークセンターで飼われている

世界と日本の美しいヘビ

キングコブラ

東南アジアから南アジアの熱帯雨林に生息する全長5mにもなる世界最大の毒ヘビ。主に他のヘビを捕食することから、「キング」の名を冠している

アフリカ大陸に生息するヘビ

ラフツリーブッシュバイパー

西・中央アフリカに分布する樹上棲のヘビ。体色が多様で美しい外見を持つ。出血毒が血液凝固障害を引き起こす

セイブブッシュバイパー

西アフリカの熱帯雨林に生息する50〜70cmの樹上棲の毒ヘビ。主に小型哺乳類や鳥を待ち伏せて捕食する

トウブグリーンマンバ

アフリカ東部に生息する樹上棲の毒ヘビ。体色は鮮やかな緑色で、強力な神経毒を持つが、性格は温和

ブラックマンバ

強力な神経毒と攻撃時の敏捷性から、世界で最も恐れられる毒ヘビのひとつ。口内が黒いため、この名が付いた

アメリカ大陸に生息するヘビ

トウブダイヤガラガラヘビ（アルビノ）

アメリカ南東部の砂漠や岩場に生息。強力な出血毒と神経毒を持つ。尻尾が発する特徴的な音で威嚇・警告する

オオアナコンダ

南米の湿地や川辺に生息する世界最大級のヘビ。全長９m、体重は最大で200kg以上。強力な締め付けで獲物を捕らえる

東南アジアに生息するヘビ

シロクチアオハブ

東南アジアに生息する樹上棲の毒ヘビ。口の周辺が白っぽく見えるのが特徴。爬虫類や鳥類を捕食する

ヨロイハブ

東南アジアに生息する樹上棲の毒ヘビ。緑や黄色の帯状紋が特徴。出血毒を持つが臆病な性質で人を襲うことはまれ

毒牙は、口を閉じている時は内側に折りたたまれている。開口すると直立し、牙の先端から毒が出る

日本に生息するヘビ

ハブ

沖縄や奄美群島に分布する日本最大の毒ヘビで、大きな個体は全長２ｍを超える。攻撃範囲が広く、木にもよく登る

ヒャン

奄美群島に分布するコブラ科の毒ヘビ。大きな個体でも全長60cmほど。咬みついてくることはまれである

ジムグリ

北海道から九州に分布するナミヘビ科の無毒ヘビ。最大で全長1.2mほど。地中に潜り、小型のネズミ類を捕食する

ニホンマムシ(黒化型)

ニホンマムシでもいくつかの色彩変異が知られ、黒化型や白化型、赤みの強い個体が見つかっている

ニホンマムシ
(赤みがかった個体)

上から通常、青色型、緑色型の個体。本州、四国、九州に分布す
ナミヘビ科の毒ヘビ。全長は60～150cm。水田や水場でよく見か
られるが、咬傷被害は非常に少ない。多様な色彩変異で知られる。

ヘビ学

毒・鱗・脱皮・動きの秘密

ジャパン・スネークセンター
Japan Snake-Center

小学館新書

序章

奥深きヘビの世界へようこそ

スネークセンターの「使命」

皆さんは、群馬県太田市にある「ジャパン・スネークセンター（以下、スネークセンター）」をご存じだろうか。北関東在住の方や、爬虫類好き、とりわけヘビ好きという方にはそれなりに知られていると自負しているが、全国的に見れば、「本書で初めて知った」という方が大半ではないだろうか。

一言で説明するなら、創設から50年以上の歴史を持つ日本蛇族学術研究所（通称・蛇研）が管理・運営する〈日本で唯一の〝ヘビ専門〟動物園〉――そう理解していただいて差し支えない。「毒蛇」や「大蛇」など、一般家庭では飼うことのできない種類を主に扱っており、そこで働く我々研究員は〝ヘビのスペシャリスト〟として活動している。

ただし、我々は「動物園の飼育員」である前に「ヘビの研究者」である。さらに言えばヘビの生物学的な研究のみならず、毒ヘビの咬傷（こうしょう）から人命を救ったり、毒の被害を抑えたりする血清の製造・開発支援など、「ヘビとヒトとの関わり」についての研究も手がけている。そんな研究員たちだからこそ、当センターを訪れた方々にヘビの生態についてディープな内容を説明できるし、「ハブの採毒実演」のようなイベントを定期的に開催できる。ただ単に珍しいヘビを観賞して楽しんだり、驚いたりしていただくだけでなく、ヘビという生き物のイメージを変え、興味を持っていただく機会の提供を目的とし、そこにただならぬ情熱を注ぐ研究者がいるという点が、スネークセンターの最大の強みである。

2025年は12年に一度の「巳年」だ。十二支の中ではファンが少ないどころか、「蛇蝎のごとく」「鬼が出るか蛇が出るか」などといった言葉があるくらいだから、一番の嫌われ者かもしれない。十二支筆頭（子年）のネズミも人間社会から嫌われがちな生き物だが、あちらは〝世界的人気キャラクター〟を擁しているのでヘビに勝ち目はないだろう。

それでも2025年は間違いなくヘビが〝主役〟なのだから、皆様には彼らの「本当の姿」を知っていただきたい。それが我々の願いであり、使命だと思っている。

本書では、当センターが収集しているヘビに関する最新情報・知見を交え、それぞれの研究員が探求している専門分野の情報、これまで世に出したことがなかった当センターと蛇研の歴史を、余すことなく書き綴らせていただく。

知っているようで知らないヘビの生態、そしてそこから広がる「奥深いヘビの世界」の案内係を、僭越ながらスネークセンターの研究員が務めさせていただきます。

「愛好家」と「研究員」の違い

スネークセンターの来場者から、「ヘビがお好きなんですね。ご自宅でもヘビを飼っているんですか？」と訊かれることがある。

実は職員の中でも、プライベートでヘビを飼っている者は少なく、「スネークセンターで働く＝ヘビが好き」という想像は、概ね合っているにしても正確ではない。我々研究者は、「好き」という感情よりも、「興味・関心」のほうが強く働く。ペットを飼うことで自分が得る楽しみや癒やし、あるいは対象の生き物に注ぐ愛情ではなく、ヘビという生き物への探究心や知識欲が根底にある。

もちろんヘビが嫌いなわけではないし、研究や実験の材料や道具として見ているわけではない。我々はヘビの新たな生態の究明や飼育・繁殖技術の確立、ヘビが持つ可能性の追求といったことを目的にしている。

それでも時には、ヘビの命を奪って新たな情報を得る必要も出てくる。たとえば、毒へビに咬まれたヒトの命を救うために製造している抗毒素血清などは、数多のヘビの犠牲の上で成り立っている。ヘビの命を奪うことは、その瞬間だけ見れば非道かもしれないが、数多くの人命を救うためである以上、それもまた研究者の役割である。

スネークセンターにやってくる研修生にもそうした話をしている。動物研究を生業としていく意志が本物であるのならば、生殺与奪に対する責任と覚悟を持たなければならない。大流行した『鬼滅の刃』という漫画の中に、「生殺与奪の権を他人に握らせるな」という名言があるが、まさに動物と向き合う研究者が持つべき心構えだといえる。

ペットとしてヘビを可愛がるのであれば、自分の好きな個体だけを飼育し、たくさんの手間（餌や飼育スペースなど）をかけて構わないが、仕事でそれをすればたちまち破産だ。動物を飼育しているだけではお金と時間が失われていく一方なのである。

動物園のように展示をするにしても、一般の愛好家でも扱えるような種類や飼育設備では、全く興味を持たれない。来園してもらうためには、相応の設備投資が必要であるうえに、珍しい種や危険な種を揃えなくてはならない。それには専門的な知識や飼育スキルが必要で、購入するにも費用がかかる。とりわけ施設の維持コストは並大抵ではなく、ほとんどの動物園は赤字といっても間違いではないだろう。

幸いにも我々が扱うヘビは、動物の中では比較的手間や費用がかからない生き物なので、効率よくやれば他の動物園よりも経営的に有利ではある。だからこそスネークセンターは半世紀を超えて存続しており、我々はヘビの研究を続けることができる。そうはいってもヘビの飼育・展示だけで経営が成り立つわけではない。我々は裏でチマチマといろんなことをしているのだが、その話はまた後にしよう。

スネークセンターには、展示しているヘビが約200匹、それに加えて、バックヤードにはヘビの生体が入った金属製やガラス製のケース（一辺45〜90㎝程度）が300個ほど、所狭しと並んでいる。それらを数人で管理しているため、1人当たり概ね100匹程度を世話していることになる。

愛好家がペットとして飼うのとは、環境がかなり異なることがご理解いただけるだろう。自宅でヘビを飼う研究員が少ない理由としては、センターでの飼育でかなり満足してしまっているというのも少なからずあるように思う。

ヘビ好きからのお願い

ヘビという生き物は一般的に「嫌われ者」である。生業のタネとしているくせに、なんとも薄情な言い方に聞こえるかもしれないが、スネークセンターの来園者でさえも3～4割はヘビが苦手だったり、嫌いだったりする。

たとえば皆さんは、「ヘビの性格」をどう想像するだろうか。恐らく多くの人は「攻撃的」「凶暴」など、危険なイメージをお持ちだと思う。

しかし、ほとんどのヘビは「神経質」で「臆病」な生き物だ。マルガスネークやモールバイパーのように、なりふり構わず攻撃を仕掛けてくるように見える種もいる。しかし、これらの種もベースは臆病で神経質で、その性質が過剰だからこそ激しく攻撃する。それほど〝凶暴〟に見えるヘビだって、他の生き物、とりわけ人間が怖いのである。

オオアナコンダやアミメニシキヘビなどの超級大蛇はヒトさえも捕食するので例外となるが、毒ヘビの最大種であるキングコブラですらヒトを恐れる。多くのヘビから見てヒトは巨大生物だ。ゴジラや進撃の巨人のようなもので、それが突然目の前に現われれば恐怖を感じるのは当然なのだ。

自分の数十倍、数百倍の巨大生物に攻撃を仕掛けるのは割が合わないので、可能ならまずは逃げる。それができないと判断した時だけ攻撃を仕掛けるのだ。相手を負かすためではなく撃退するのが目的であり、それが毒ヘビや大蛇であった場合に「オーバーキル」となってしまうのである。

ヘビが「凶暴」「攻撃的」と認知されてしまっているのは、間違いなくメディアイメージによるものだと私は思っている。漫画や映画などのエンターテインメントに関してはある程度仕方がないと思うが、昨今の報道での「ヘビ情報」は特に雑になっている。誇張した表現や捏造表現などが数多く使用され、ヘビの生態について取材がなされていないまま映像・文章化されているような報道も多く見かける。研究者への取材があったとしても、コメントを切り取って、「危険性」や「毒の怖さ」だけを強調したり、どこかの素人が書いたネット記事を不適切に引用したりするようなことだけは避けてほしいものである。

本書では我々研究者が、「自分たちの知っていることだけ」を書いている。真摯に研究しているからこそ、すっぱりと言い切ることができない項目も多い。

「ヘビの視力はヒトに例えるとどのくらいですか」といった質問を受けることがあるが、これなどは「すっぱり言い切ることのできない質問」の代表格だ。そもそもヘビとヒトでは眼の構造からして違うし、実に4100種類もいるヘビと、たった1種類のヒトを比べること自体がナンセンスだからである。こうした質問にすっぱり答えている〝専門家〟がいたら……疑ったほうがいい。

つい愚痴めいた話になってしまったが、それもヘビに対する誤解を解きたい一心からということでお許しいただきたい。

それではここから奥深いヘビの世界について語らせていただく。なるべくわかりやすく、正確に、そしてより興味を持っていただくよう工夫したつもりだ。ニョロニョロと、あらぬ方向に話が脱線することもあるかもしれないが、それも含めてヘビの世界をご堪能いただければ幸いである。

目次

〈本書に登場するヘビ〉

本編に入る前に、本書に登場する主なヘビたちを紹介する。小説で言うところの「登場人物紹介」だ。名前が出てきた時に、「これってどんなヘビだっけ？」となった際にはこのページを開いていただきたい。

4100種も生息するヘビを丁寧に分類し、特徴を解説すると何ページあっても足りないし、読者の皆様には〝蛇足〟だらけになってしまう。あくまで本書を読み進めるためのガイドなので、極めて〝ざっくり〟した内容であることにご留意願いたい。

●ナミヘビの仲間――ヘビ界の「最大勢力」

全世界でヘビは約4100種が確認されている。ナミヘビ科は2000種以上で、最も種数が多い。全長数十㎝のものから3ｍに達するものまで生息する。

南極大陸を除く各地に生息し、陸棲、樹上棲、地中棲、水棲などと生息環境も多様性に富む。ただしウミヘビ類のように、完全に海洋に棲むものはいないものの、水棲のものは泳ぎが得意で魚類を捕食するものも多い。

ナミヘビ科の代表格アオダイショウは、大型の個体になると哺乳類や鳥類を捕食するが、中型のヤマカガシは両生類や魚類を捕食することが多い。さらに小型種ではミミズなどを捕食する種も多く、日本国内だけでもナミヘビ科の生態は多種多様だ。

広い範囲の餌を食べる（好き嫌いが少ない）種もいれば、特定の生物ばかりを捕食するヘビもいる。前者の代表格がシマヘビ、後者がヤマカガシである。

シマヘビは幼体のうちは小型のカエルを捕食することが多いが、成長するにつれて哺乳類や鳥類も食べる。また、水田に棲むシマヘビはカエル、畑に棲むシマヘビはネズミというように、環境によって捕食しやすい餌を選ぶ。ならば昆虫やミミズ類も食べてしまえば餌に困らないように思えるが、これらを捕食することはほとんどない。理由は不明だが、食性の幅には限界があるようだ。

一方、ヤマカガシは幼体から成体になるまで、餌は両生類と魚類に限られる。多種のカエルが生息する地域に棲む個体であれば、季節によって活動性が異なる数種のカエルを食べ分け、1年を通じてカエルを主食にできる。ただし、カエルの種類が少ない地域では、特定の季節にしかカエルを捕食できなくなってしまう。

食料確保という意味では、シマヘビに比べてヤマカガシが不利に思えるが、カエルの豊富な地域ではカエル専食に進化してきたヤマカガシが有利になることもある。ただし、田んぼが潰されてしまえばそこに生息するヤマカガシは危機を迎える。

●クサリヘビの仲間——代表格はマムシ、ハブ。鋭い牙と毒が特徴

クサリヘビ科は「マムシ亜科」と「クサリヘビ亜科」に大別される。

マムシ亜科の最大の特徴は、鼻と眼の間にある凹み（くぼみ）「ピット器官」を備えていることである。ピット器官は熱や赤外線を探知する器官で、餌や天敵となる動物の体表の熱を相手に接触することなく探知する。人間がたき火に手をかざして熱を感じるようなイメージだが、我々の手（皮膚）の感度をはるかに上回るので、ピット器官を有するヘビは餌や天敵の位置を素早く正確に把握できる。一方、クサリヘビ亜科にはピット器官がない。

クサリヘビ科は、すべてが毒と長い毒牙を持ち、餌の捕獲や天敵からの防御に毒を使用する。ネズミのような動物は鋭い歯を持つため、ヘビは捕食する際に反撃を受けるリスクを伴う。そこで毒でネズミを殺したり、弱体化させたりして安全に呑み込むのだ。天敵に対しては、相手を死に至らしめることができなくても、敵の攻撃力や攻撃意欲を減退させる効果がある。

クサリヘビ科の毒牙は、口を閉じている状態では後ろ側（喉側）に倒れており、開口すると同時に直立する。ハブやガラガラヘビのように数cmもの長い牙を持つ種の場合、閉口時に倒れないと下あごを突き抜けてしまうため、そうした構造になっている。直立した毒牙は獲物に一瞬で打ち込まれ、相手の運動能力を奪う。

クサリヘビ科は、（ヘビ界の中では）小太り体型が多い。この体型のヘビは、餌を積極的に追いかけることは少なく、「待ち伏せ」を得意とするハンターだ。ネズミなどの通り道に潜んで、最小限のエネルギーで捕食するのである。

小太り体型のヘビは「糞」を体内にため込む種が多い。というのも、餌となる動物に飛びかかる際に、体が前のめりになって狙いを外してしまうことがあるが、糞をため込むと下半身にオモリがついている状態になり、攻撃姿勢が安定するのだ。積極的に餌を追いかける種の場合は行動の邪魔になるので、糞をため込むことはない。

ナミヘビ科に比べると〝少数派〟ながら、クサリヘビ科にはよく知られた種が多い。日本ではマムシやハブ、海外ではガボンアダー、ブッシュマスター、ガラガラヘビなど。「牙」と「毒」が特徴であるがゆえに、名前を聞くことが多いのだろう。

●ニシキヘビ、ボアの仲間――超大型種として知られる一方、ペットでも人気

ニシキヘビ科はユーラシア大陸とアフリカ大陸、オーストラリアに分布し、アメリカ大陸には生息しない。一方のボア科は主にアメリカ大陸に分布する。ニシキヘビ科とボア科は超大型種を含むことで知られている。

超大型として知られるアミメニシキヘビ（全長は最大で約9m）はニシキヘビ科、オオアナコンダ（全長は最大で約9m）はボア科に属する。ただし、両科ともに1mほどにしか成長しない種もおり、そうした小型種でも△△ニシキヘビとか、××ボアと名付けられ

ているので、名前から「大蛇」を想像していた人は〝がっかり〟というパターンもある。一方、両科には毒を持つ個体はおらず、「大型＝毒ヘビ」という図式は基本的に成り立たないことがわかる。

かつてこの2科は同じ科とされ、それぞれが亜科（ニシキヘビ亜科、ボア亜科）を構成していたが、近年は別科に分類されることが多い。約４１００種にも及ぶヘビは分類の変更が行なわれることは珍しくなく、図鑑の発行年によって名称や分類が異なることもしばしばだ。研究者としては厄介な話ではあるが、半面、最新の学説は思わぬ発見も多いので学習意欲も湧いてくる。

ニシキヘビ科とボア科の違いは、前者が「卵生」、後者は「胎生」が多いという点だ（卵生、胎生の違いについては55ページを参照）。以前は同科とされていた2科で分布地域や繁殖法が異なっていることは興味深い。

ニシキヘビ科ではアミメニシキヘビ、インドニシキヘビ、ビルマニシキヘビ、アフリカニシキヘビなどが大型種として知られている。

ボア科ではオオアナコンダ、キイロアナコンダ、ボアコンストリクターなどが大型になる。動物園等で人気があるのはやはり大型個体で、特に太めの体形のオオアナコンダは5ｍ程の個体でもかなりの存在感だ。

4ｍを超えるような個体は攻撃力（咬む力や絞める力）が強く、ヒトが命を奪われることもある。前述のとおり有毒種はいないので、絞殺や出血多量などが死因となる。また野生のオオアナコンダに襲われて水中に引き込まれると、直接の死因が「溺死」となるケースもあるようだ。

一方、両科の中には模様の美しさも相まってペットとして人気の種もいる。ボールパイソンは1ｍを超えるものの、餌付けも比較的容易で温和な性質なので飼育しやすい。スナボア類は1ｍほどにしか成長しないため、小型のケージで飼育できる。そうした理由からペットとしての流通量が多い。

●コブラの仲間――フードを広げないコブラ、陸に棲むウミヘビ

コブラ科は「コブラ亜科」と「ウミヘビ亜科」に大別され、それぞれ200種ほどが知

られている。生物学的にはコブラ科に属するすべての種が「コブラ」であるが、一般的に「コブラ」というと、キングコブラのように頸の後ろの「フード」を広げる種をイメージすることが多いようだ。ただし、フードを広げるヘビはコブラ科の中では少数派である。ちなみに、ここでは便宜的に「頸」と書いたが、厳密には頸と呼ぶ部位はない。「頸」の部分には小さな2つの骨しかなく、外見的には頭部と一体だ。またウミヘビ亜科にはオセアニアの乾燥地帯に棲む陸棲種も含まれる。ヘビの分類では、見た目の差や、陸棲と海棲の違いよりも、「進化において分岐した時代」のほうを重視するため、このような分類になっている。

フードを広げる種ではキングコブラのほかインドコブラ、エジプトコブラなどが知られるが、フードを広げる行為は敵を退散させるための威嚇行動である。捕食行動では獲物に逃げられてしまうため、フードを広げることはない。

フードを広げない種ではアマガサヘビ、サンゴヘビなどがいる。派手なアクションで威嚇してくれれば敵も気付いて逃げる余裕があるのだが、これらの種は威嚇行動なしに咬みついてくるのでヒトからすると恐ろしいといえる。

本書に登場する主なヘビの分類図

ここでは代表的な科・亜科について示した

亜目	下目	科	亜科	属するヘビ
ヘビ亜目	**真蛇下目**	**ボア科**		●オオアナコンダ ●ボアコンストリクター ●ツリーボア ●キイロアナコンダ ●スナボア
		ニシキヘビ科		●アミメニシキヘビ ●ビルマニシキヘビ ●ズグロニシキヘビ ●インドニシキヘビ ●アフリカニシキヘビ ●オーストラリアヤブニシキヘビ ●ボールパイソン ●グリーンパイソン
		タカチホヘビ科		●タカチホヘビ ●アマミタカチホヘビ ●タイワンタカチホヘビ
		セダカヘビ科		●イワサキセダカヘビ
		ナミヘビ科	ナミヘビ亜科	●アオダイショウ ●シマヘビ ●ジムグリ ●カリフォルニアキングスネーク ●ブームスラング
			ユウダ亜科	●ヤマカガシ ●ヒバカリ ●ガラスヒバァ ●オオガーターヘビ
			ヒメヘビ亜科	●ミヤコヒメヘビ ●ミヤラヒメヘビ
			その他のナミヘビ科	●シシバナヘビ（ナミヘビ科またはマイマイヘビ科の2学説あり） ●ミズコブラモドキ ●バロンコダマヘビ（上の2種はマイマイヘビ科の学説あり）

コブラ科

コブラ亜科

●キングコブラ　●インドコブラ　●エジプトコブラ
●シンリンコブラ　●ヒャン　●ハイ
●イワサキワモンベニヘビ　●インドアマガサヘビ
●ブラックマンバ　●マルガスネーク　●タイコブラ
●フィリピンコブラ　●サマールコブラ　●ドクフキコブラ
●トウブグリーンマンバ　●サンゴヘビ類

ウミヘビ亜科

●エラブウミヘビ　●イイジマウミヘビ　●マダラウミヘビ
●セグロウミヘビ　●クロガシラウミヘビ

クサリヘビ科

クサリヘビ亜科

●ラッセルクサリヘビ　●カーペットバイパー
●ヨーロッパクサリヘビ　●パフアダー　●ガボンアダー
●セイブガボンアダー　●ニシアフリカカーペットバイパー
●ウサンバラブッシュバイパー

マムシ亜科

●ニホンマムシ　●ツシママムシ　●ハブ
●トウブダイヤガラガラヘビ　●テルシオペロ
●ブッシュマスター　●タイワンハブ　●タンビマムシ
●ヒメハブ　●カイサカ　●ヒメガラガラヘビ

メクラヘビ下目

メクラヘビ科

●ブラーミニメクラヘビ　●テキサスメクラヘビ
●ディアードメクラヘビ

日本には陸棲のコブラ亜科が3種（ヒャン、ハイ、イワサキワモンベニヘビ）分布するが、いずれも小型で人目につきにくいので、「日本にもコブラがいる」と説明すると驚かれることが多い。

日本のウミヘビ亜科はすべて海棲種で9種が分布する。ダイバーを積極的に襲うことはないが、釣り針にかかったウミヘビに釣り人が咬まれたケースの報告がある。海棲種の多くは魚を捕食し、特にウナギのような細長い魚を好むものの、日本にも分布するイイジマウミヘビのように、岩などに産み付けられた魚卵を好む変わり者（変わりヘビ）もいる。

●ジャパン・スネークセンターの仲間——本書を執筆した研究員たち

堺淳（さかい・あつし）
1978年島根大学卒業。文理学部生物学専攻。卒業研究の対象はクモ。蛇研入所後はヘビ毒の生体への作用、毒ヘビ咬傷および抗毒素による治療効果などの研究に没頭。84年に筑波大学医科学研究科にて病理学を学ぶ。無毒ヘビへの関心は薄く、毒ヘビにしか興味はない。

森口一（もりぐち・はじめ）
1980年東京農業大学卒業。畜産学専攻。ヘビの野外生態学が専門。大学時代からフィールドワークとしてヘビの生態研究を始める。未踏の地で珍種を探し回ることにはさほど関心はなく、「ありきたりの種」を「何度も同じ場所」で調べることに力を注ぐ。

高木優（たかき・ゆう）
2018年岡山理科大学卒業。理学部動物学専攻。大学時代には様々な動物について学び、卒業研究でヘビの世界に足を踏み入れる。ヘビの行動学や遺伝・繁殖分野の開拓と、世間への正しい知識の普及を生涯目標に掲げる。爬虫類全般を愛し、カメへの造詣も深い。

吉村憲（よしむら・けん）
前職は看護師。JICA（国際協力機構）のボランティアとしてバングラデシュで活動した際、現地でヘビ咬傷の被害を知り、2019年より長崎大学で熱帯医学・公衆衛生学を学ぶ。その後、毒ヘビ咬傷・ヘビ毒を学ぶため蛇研に入所。身も心もすっかりヘビ化しており、鱗（うろこ）が生えてくるのではないかというのが目下の心配。

第一章
不思議が詰まった生き物

日本は「キラリと光るヘビ小国」

ヘビ類は毎年のように新種が発見され、全世界で確認されているヘビは４１００種ほど。そのなかで日本に生息するのはわずか43種である。

分類ごとに見ていくと、先に紹介したナミヘビ科（19種）、コブラ科（12種）、クサリヘビ科（7種）に、メクラヘビ科（1種）、セダカヘビ科（1種）、タカチホヘビ科（3種）を加えた6科のヘビが生息する。世界には20科以上いるので科数においても日本は〝ヘビ小国〟だが、その一方でコブラ科に属するウミヘビ類を除けば、大半が日本の固有種である。

日本に生息していなかった種が、海外から入ってきて定着した生物は「国外外来種」と呼ばれる。日本における国外外来種は、ユーラシア大陸や台湾が原産地で、沖縄に移入・定着したタイワンハブとタイワンスジオのみだ。

日本は国土の割には多くの固有種が生息している。本土が温帯に、南西諸島が亜熱帯に属していること、日本列島が大陸から切り離されて島国となった後に、種の分化が進んだことが固有種の増加に寄与したと思われる。日本は数のうえでは〝小国〟ながら、独自の進化を遂げた〝ヘビ独立国〟なのである。

現在は日本固有種として扱われているものの、かつては大陸産と同種とされていたヘビもいる。そのため古い図鑑ではヤマカガシやニホンマムシは日本の固有種とされていないことがある。また、対馬（長崎県）固有のツシマママムシは、別種と判別されるまではニホンマムシにまとめられていた時代がある。

このように、日本国内においても種数は増加傾向にある。遺伝的な研究が進めば、外見では区別できない違いから新種と認められるヘビも現われよう。

ヘビとトカゲは何が違うのか？

ヘビという生き物を解説するにあたり何から始めればいいかは悩みどころだが、まずは「ヘビの定義」から説明することにしたい。そのためには、同じ爬虫類でヘビに近いとされるトカゲとの違いがわかりやすい。

「トカゲには脚があって、ヘビにはない」――爬虫類に特別な思い入れがない方々（つまり大半の人々）は、そのように認識しているだろう。しかし脚の有無だけでは両者の違いを正確に説明しきれない。なぜなら「脚のないトカゲ」も存在するからだ。その名も「アシナシトカゲ」。四肢が存在しないが、有鱗目トカゲ亜目のアシナシトカゲ科に分類される、れっきとしたトカゲの一種なのである。

ヘビとトカゲの違いを説明するには、ヘビの「眼」「耳」「顎」の特徴について理解しておく必要がある。

ヘビの眼には「瞼」がなく、目を閉じることができない。代わりに「アイキャップ」と呼ばれる眼球を保護する膜があり、眼球の乾燥も防ぐことができる。ヘビの抜け殻（脱皮後の皮膚）にはアイキャップが固い鱗としてもしっかり残る。ちなみにトカゲを含む爬虫類も脱皮するが、ヘビのように体全体が丸ごと脱げない。部位ごとに分割されるか、バラバラに脱げるかのどちらかである。脱皮の詳しい話は後述するので今はここまでにしておこう。

ただし、瞼の有無もヘビとトカゲの違いを説明するには不十分だ。トカゲの一種である「ヤモリ下目」はヘビ同様にアイキャップを持つからである。

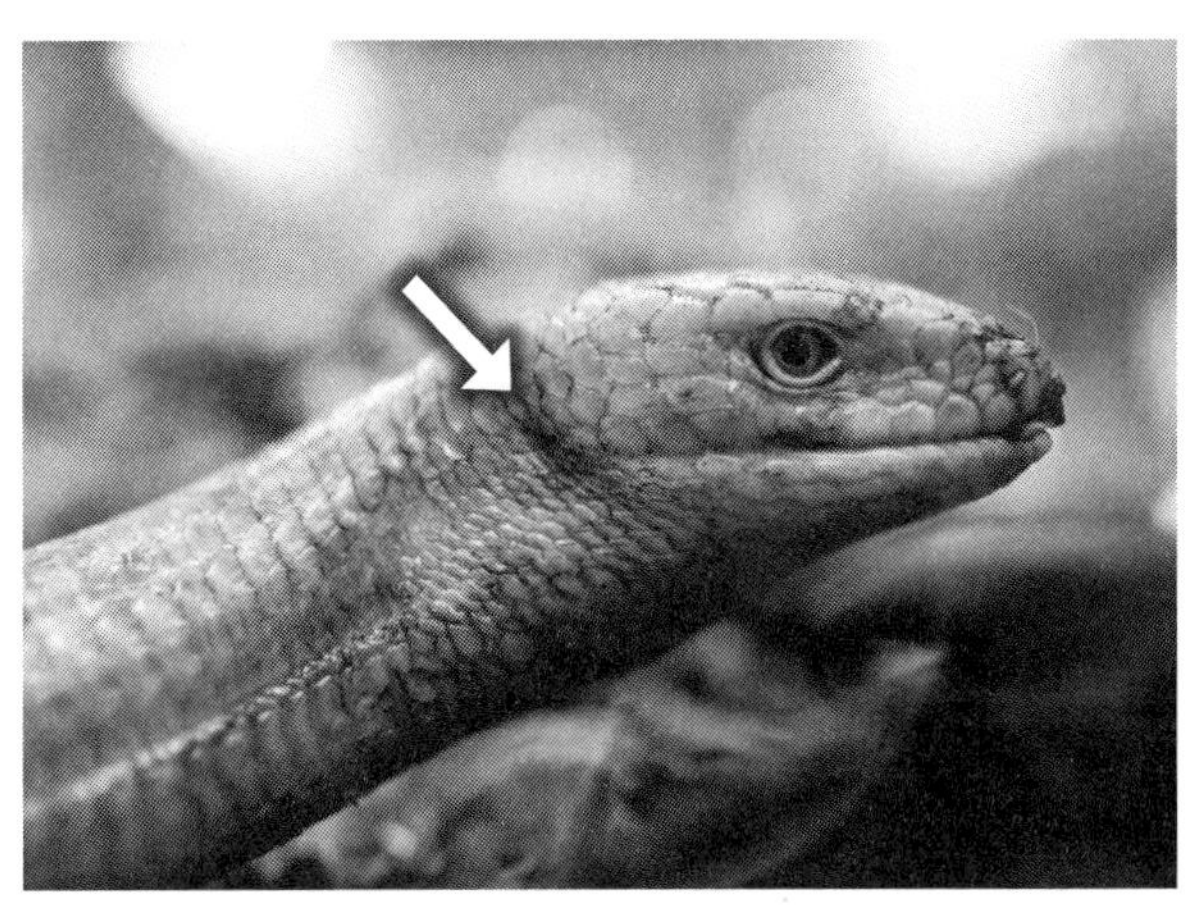

ヨーロッパアシナシトカゲ。矢印の部分に耳孔が見られる。周囲の皮膚が伸縮するため、ある程度耳孔を塞ぐこともできる

続いて「耳」の違いについてだが、ごく簡単に説明すれば「ヘビには耳がない」という特徴がある。耳たぶはもちろん、耳孔（耳の穴）もない。一方のトカゲは、基本的に「耳孔」を有する。つまり「耳があるのがトカゲ」で、「持たないのがヘビ」ということだ。しかしながら、こちらもヘビとトカゲを区分する特徴のひとつに過ぎない。

ここまでに説明した「脚」「眼」「耳」の違いは、ヘビとトカゲの外見的な特徴なので、スネークセンターを訪れた方々にも解説する内容だが、分類するうえでの重要な違いは体の〝内側〟にある。

それはヘビが獲物を捕らえる際の最強の武器となる「顎」で、その骨格は非常に特徴的である。ヘビが自身より大きな獲物を丸吞みにする様子は、自然番組や生物の授業などで見たことがある方もいるだろうが、それを可能にするのが下顎の骨の構造である。

自然番組での丸吞みシーンでは「顎を外して獲物を吞み込む」と説明されがちだが、それは半分正しく、半分間違いである。ヘビ類は下顎の骨が左右で独立しているので、右と左を別々に動かすことすら可能なのだ（先端が軟組織の靭帯でつながっているので、可動域に制限はあるが）。下顎のように左右の骨の間が広がることはほとんどできないが、実は上顎も左右が分かれていて別々に動かすことができる。さらにトカゲの上下の顎骨が1ヶ所の関節でつながっているのに対し、ヘビの上顎は下顎と直接つながっておらず、頭骨の後端に鱗状骨、方骨がつながり、そこに下顎がつながっているため関節が多く、上下にもかなり広げることができる。

このようにヘビとトカゲの区別は、一つの明確な外見的な違いでは説明できない。いくつかの要素を重ね合わせることで明確になる。

なお、厳密には「ヘビには脚がない」というわけではない。機能としての脚を失っているものの、一部のヘビには構造上の脚は小さいながら存在している。前脚は外見で判別できないが、後脚の名残は「蹴爪（けづめ）」という器官として視認できる種も存在する。読者を混乱させるばかりの〝蛇足〟の情報ではあるのだが……。

大型と小型、それぞれの「強み」

さんざんヘビとトカゲの違いを力説した後で恐縮だが、ヘビとトカゲはもともと同じ種類の生き物で、トカゲ類（有鱗目トカゲ亜目）の一部が分化したのがヘビ類である。DNAで分析すると、トカゲ類の中でヘビ類に近いと考えられているのはイグアナやオオトカゲであるという。

ヘビ類として分化したのは白亜紀（約1億6000万年～6600万年前）と考えられているが、初期のヘビ類が地中棲か水棲かは、今でも研究者の間で議論となっている。四肢の喪失や細長い体の特徴はどちらの環境にも適応しやすいため、なかなか結論に辿りつけないようだ。そして現世のヘビ類は地中棲、水棲だけでなく地上棲、樹上棲と生息地を広げている。脚がなくて細長いという画一的な外見でありながら、〝どこでも生きられる〟生き物なのだ。

　ヒトが属している霊長目は地上棲や樹上棲の種はいるが、地中棲や水棲の種は存在しない。哺乳綱で種数が多いネズミやリスなどの齧歯目、あるいはコウモリなどの翼手目でも、海棲の種はほとんどいない。ヘビは実に多様性に富んでいる。

　体のサイズでも多様性を感じられる。成長しても全長が十数cmにしかならないヘビもいれば、10m級の「大蛇」もいる。これほど大きな差のあるグループなので、特徴を画一的に紹介することは非常に難しい。

　たとえば5mを超える大型種が属するのはボア科とニシキヘビ科だが、この2科に属していても1mほどにしか成長しない種もいる。同じ系統のヘビでもこれほどの差が出る。最も大きくなるのはアミメニシキヘビとオオアナコンダの2種で、9mを超える個体の記録がある。体重では体が太いオオアナコンダが最大となり、5mの個体でも100kgを超えることがある。

　こうした超大型種はブタやシカといった草食哺乳類だけでなく、イヌやネコといった肉食哺乳類、さらにはワニまでも捕食することがある。獲物に巻き付いて絞め殺してからゆ

子豚を丸呑みにするアミメニシキヘビ。ヘビ界では言わずと知れた最長種であり、野生では水辺に多く棲むイノシシ類などを主に捕食する

っくりと呑んでいく。当然、ヒトの脅威にもなる。過去にはヒトが絞め殺された例もあれば、強靱な顎と歯による咬傷で大量出血して命を落とした例もある。

ただし、超大型種であっても幼体時は非力なので天敵に狙われる。アミメニシキヘビやオオアナコンダでも、幼体であればネコにも勝てないだろう。しかし7mクラスまで成長してしまえば、ほぼ天敵はいなくなると思って良いだろう。

一方、全長十数㎝にしかならないメクラヘビ類はモグラはおろか、カマキリなどにも簡単に捕食されてしまう。体のサイズは生き物として決定的な弱点となるが、植木鉢などに入り込んで遠くに運ばれ、繁殖地域を広げた種もいる。何かに便乗した移動が容易にできるため、世界中に分布を広げることも可能になる。アミメニシキヘビやオオアナコンダには絶対に不可能な〝生き残り術〟である。

頭、胴体、尻尾の区別は？

機能としての手足がないのだから胴体と尻尾の違いなんてどうでもいいと思う方は多いかもしれないが、ヘビにも頭、体、尻尾の区分は明確にある。

ヘビの胴体部分は脊椎に付随した肋骨が備わっているので、骨格標本を見ると頭部、胴体部、尾部の線引きは明確だ。しかし生体を視認する限りでは、頭部と胴体部の境目は〝おおよそこの辺り〟としか示せないヘビが大半である。

ヒト同様、ヘビにも頭部と胴体部の間に頸部（けいぶ）がある。しかし、頭部には小さな2つの骨があるだけなので、外見からではその判別は難しい。

ヘビの種類によって頭部の形状は様々で、ハブやマムシのようなクサリヘビ科は毒腺を動かす筋肉が発達しているため、特徴的な三角形の大きな頭をしている。「三角頭のヘビ

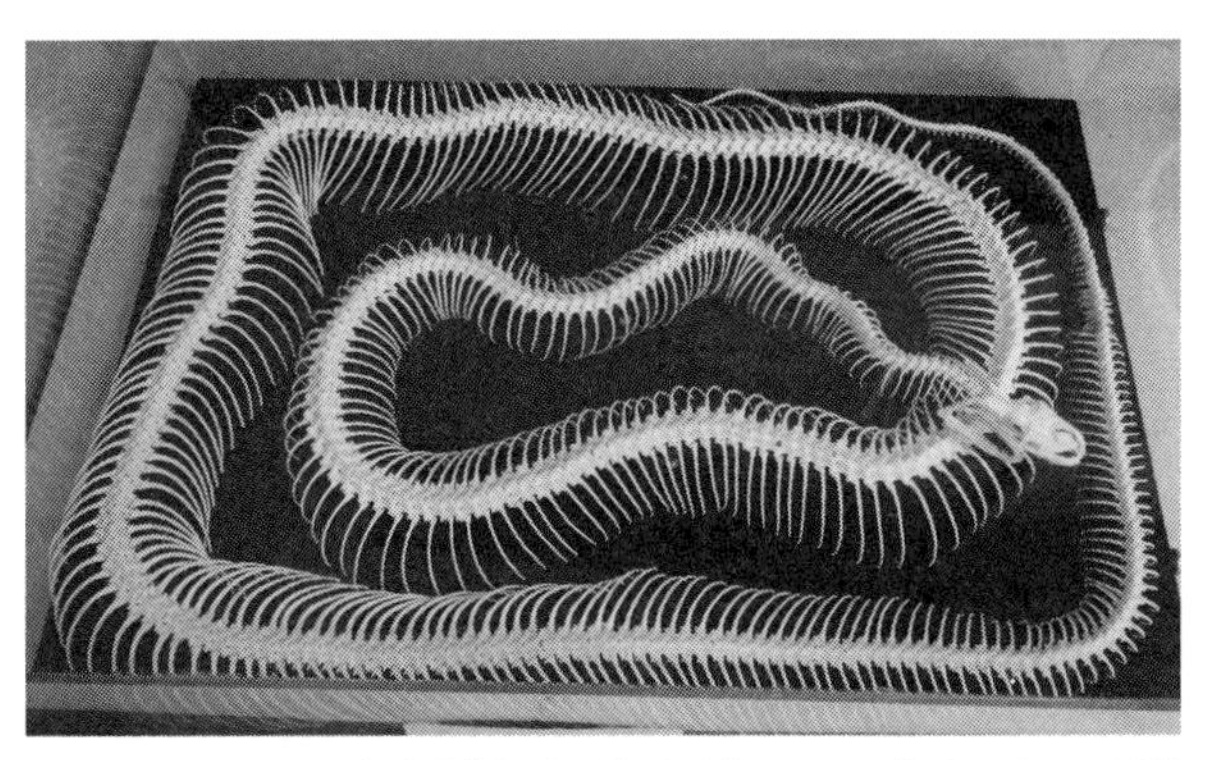

アミメニシキヘビの全身骨格標本。肋骨が付いている部分はすべて胴体にあたり、右上に僅かに写る細い部分の骨が尻尾である

に遭遇したら気をつけろ」と言われるのもそれが理由だ。ヘビ界最大級の大きさを誇るアミメニシキヘビやオオアナコンダが属するニシキヘビ科、ボア科は顎の筋肉が非常に発達しているため、頭部後端が太くなって楕円形状になる。そうした特徴的な頭部の後端のくびれが、頭と胴体の境目である。

ところがアオダイショウやヤマカガシのようなナミヘビ科、キングコブラやシンリンコブラなどのコブラ科のヘビは、頭部と胴体部の境目のくびれが目立たないため、頭部と胴体部の境界が視認しにくい。

独特の眼や鋭い牙など頭部ばかり注目されがちだが、実は胴体部にこそ〝ヘビがヘビとして生活するため〟のメカニズムが詰まっている。

ヘビは「胴体が異常に長い」動物であり、そこに収まる臓器の形やサイズ、配置に関しても特異な点が多い。

ヘビの肺は多くの動物と同様に2つあるが、左肺は退化して非常に小さく、呼吸機能は発達した右肺で担っている。そして肺につながる気管は丈夫な構造になっているため、獲物をギュウギュウに絞めつけていても自身の呼吸を確保できる。さらに肺の後方に薄い膜状の気嚢がつながっており、空気を溜めておくことができる。

内臓の中では特に胃は柔軟性があり、かなり大きな獲物を丸呑みにしても、内蔵し消化する。小腸も発達しているので、胃で消化された餌から余すことなく栄養を吸収できる。哺乳類や鳥類では円を描くようにして丸まった状態で格納されている臓器だが、ヘビの体は一直線に長いので、基本的にどの臓器も直線的に配置されている。

ヘビの尾部（尻尾）は肛門にあたる「総排出口」が基準となっており、総排出口より後方が尻尾となる。ちなみに総排出口とは、糞、尿の排泄や生殖、産卵などのための孔がひとつになった器官である。

胴体部の鱗と尾部の鱗は見た目が明確に異なり、腹側に並ぶ「腹板」という大きな鱗は総排出口を覆う「肛板」という鱗を境に「尾下板」という名称の鱗に変わり、その配列も変化する（大半が2列となるが、1列となる種もいる）。

やや専門的な説明をしてしまったが、要はヘビを裏返して肛門（総排出口）の場所を確認すれば、そこから後ろが尻尾ということだ。スネークセンターの来場者にもそう説明している。概ねどの種類でも尾部の長さは全長の5分の1以下なので、ヘビという生き物の胴体部がいかに長いのか理解いただけるだろう。

ヘビの尻尾に隠されている最大の秘密は、種の存続にとって最も重要な「生殖器」が格納されていることだ。オスに限った話だがヘビの生殖器は「ヘミペニス（半陰茎）」と呼ばれ、袋状の生殖器が総排出口の〝尻尾側〟に格納されており、交尾する時には、これが反転して出てくる。

ヘミペニスは二股で、刺々（とげとげ）しい。哺乳類と比べると奇抜な形状に思えるが、有鱗目の仲間全体が備えている特徴で、合理的な作りになっている。

ヘビの交尾はオスとメスが体や尻尾を絡ませながら行なわれるが、その際にどうしても左右どちらかに偏（かたよ）った体勢になりやすい。二股のペニスは左右どちらにも対応できるように進化した形であるといわれる。

精子はヘミペニスの表面にある溝（射精溝）を伝って送り込まれる。哺乳類の射精のように短時間で精子を送り込むことはできない。そのため、交尾は長時間にわたることが多い。比較的短いアオダイショウやシマヘビなどでも1〜3時間程度。ガラガラヘビやボールパイソンでは12時間以上、ズグロニシキヘビや大型のビルマニシキヘビなどになると24時間以上続くことも珍しくない。

棘（とげ）状のペニスは哺乳類のネコなどにも見

ヘミペニスは半陰茎という意味。左右一対である。通常は尾部側に収納されているが、反転して体外に出る。これが足と誤認されることもある

られる特徴で、交尾の際に生殖器を抜けにくくするためである。ただし、ネコの生殖器は交尾時のフィット感を保つために比較的硬い。一方、ヘビのヘミペニスはゴム風船のように柔らかい構造になっている。普段は体内（尾部）に収納でき、交尾時には露出させて伸び具合や方向まで調節できる。なんとも優秀なイチモツである。

見た目と同じ「細く長く」の生涯

人間の生き様はしばしば「太く短く」、あるいは「細く長く」と表現されるが、ヘビの生涯は間違いなく後者だ。

動物は基本的に本能に忠実である。腹が減れば食い、排泄したくなれば出す。危険が迫れば逃げる。その都度発生する生理的欲求を満たすように生活し、それが満たされている時は何もしない。ただし大脳が発達した哺乳類や鳥類などは、個体間や群れでの生活に中～高度なコミュニケーションを必要とするため、より快適に生活できるよう身だしなみのための毛繕い（けづくろい）や住環境への配慮など、活発で複雑な行動を伴うようになった。

翻（ひるがえ）ってヘビはといえば、ヒトの感覚からすると実に怠惰である。生命を維持できるのであれば、恐らくじっとしたまま何も活動しないだろう。むしろ、それがヘビの基本的な生活スタイルなのである。

ヘビの1日を端的に表現するなら「静止」だ。ヘビは変温動物なので基礎代謝量や活動量はさほど多くない。寿命も長い傾向にある。生きていく上で必要な採餌頻度もヘビ全体で平均すると週に1回程度だ。飲水や排泄などの生理的な活動があるにせよ、1日単位であれば活動的な時間はほとんどない。

もっとも、「動いていない」だけで、「何もしていない」という意味ではない。睡眠をとっている場合もあれば、狩り目的で待ち伏せしている場合もある。消化のために日光浴をしている状態もある。静止中のヘビはその後に起こる「動作」に備えている状況が多く、基本的な生活の多くを静止することで、生存競争を有利に進めてきた動物なのだ。もちろん、ヘビの中にも例外的に活動的な種類はいるし、時期や気候によって活動的な場合もある。とはいえヘビは思った以上にじっとしている動物なのである。

ひと月単位で見ると、1日単位に比べれば「動」の割合が多少増える。一般的な種はひと月に3〜4日程度、多いものだと8〜10日程度捕食を行なう。食後は消化しなければいけないし、排泄もする。捕食にはこうした活動が伴う。

さらには「脱皮」という大仕事もある。脱皮の周期は概ね1～2ヶ月に一度程度の種類が多いようだ。脱皮は生理的に自然発生する代謝の一環で、表皮の傷を治癒する目的や、不要となった老廃物の排出という側面もある。そのため「抜け殻」を見れば、ある程度個体の体調の良し悪しを判断できる。脱皮の頻度は種類によっても異なるが、若い個体ほど多く、老生となった個体ほど少ない。どの種類のヘビにも総じて共通の傾向だ。

このようにひと月単位になると、給水や採食、消化活動、排泄、脱皮といったサイクルがひと通り巡るのだが、ひと月程度であれば何も食べなくても生命は維持できる。代謝を落として長期間耐え凌ぐことが可能なボールパイソンやハブのような種でいえば、2～3ヶ月であれば食べなくても死ぬことはない。さらにこれらの種は水分さえあれば、何も食べなくても半年～最長2年程度まで生存が可能だ。

最後に年単位での活動を見てみよう。

一般的にヘビの寿命は10～20年とされるが、大型のアナコンダやニシキヘビには30～40年生きる個体もいる。ヘビにとっての1年は、種類に加えて気候や環境によって大きく異なる。

日本の本州に棲むアオダイショウを例に挙げると、12月から2月までは冬眠期間で、3月終わりくらいからおおよそ11月までが活動期となる。4〜5月が交尾（繁殖）する時期。メスはその年の気候にもよるが7〜8月に産卵（出産）する。産卵直前のメスはお腹の卵が大きくなっているので摂食量が減る。冬眠を控えた9〜11月は餌を多く食べ、エネルギーを蓄えなければならない。

続いて南アメリカの熱帯地域に棲むオオアナコンダを例に取る。生息環境は年間を通して暖かいので冬眠はしない。餌となる動物資源も豊富な地域で、世界最大級の大蛇の胃袋を満足させるための条件が揃っている。獲物の遭遇率も比較的高いため、「待ち伏せ方式」の狩猟スタイルが主流だ。大型の獲物を安定的に捕食できるので、それを消化・吸収する高い代謝力もオオアナコンダの特徴である。

ただし、年間を通していつでも餌を食べ続けているわけではない。5〜11月は気温が高く、雨が少ない乾季にあたるため餌となる動物の活性が鈍い。反対に12〜4月は雨季にあたり、動物の活性が上がる。待ち伏せ中に獲物に遭遇する機会が増える。捕食者であるへビは、餌となる動物の状況と行動する時期に合った方法でハントするので、手当たり次第に獲物を求めない。「省エネで捕食できる条件を待つ」というのがヘビの生き方の基本で、それが「待ち伏せ作戦」なのである。

卵生だけでなく胎生もいる

食べることと並ぶ動物としての生涯目標が「繁殖」だ。寿命が10年程度のヘビであれば、生まれてから3年ほどは成長期にあたり、およそ4年目からが繁殖可能な適齢期となる。その年齢になるとせっせと生殖行動に勤しみ、メスは健康な仔ヘビをたくさん産むべく、毎年あるいは隔年で産卵する。

スネークセンターのような施設での飼育・繁殖の場合、繁殖活動が可能な期間は最大でも生涯の8〜9割程度である。寿命が10年のヘビならば多くは生後4年目から8、9年目までが繁殖可能時期となる。産卵のタイミングを考え合わせると、実質的にメスが産卵（産仔）するのは4〜5回程度だろう。これはあくまで飼育下の場合で、野生では条件が異なってくるようだ。

「爬虫類は卵を産む」――学校ではそう学んできたはずだ。しかしながらヘビ（とトカゲの一部）には仔を産む種類もいる。ヘビの繁殖は産卵（卵生）と仔を産む（胎生）に大別され、胎生は少数派だ。ただし極端に少ないわけではなく、約4100種のうちおよそ2割は胎生といわれる。

卵生はその名の通り、母ヘビが卵を産む。インドニシキヘビやビルマニシキヘビなどは、卵を覆うようにとぐろを巻き、体を震わせて卵を温める。〝ヘビってそういう生き物でしょう〟と思われるかもしれないが、実は卵を温める種は極めて少数派で、その他多くのヘビは産みっぱなしだ。アオダイショウの場合、産卵から2ヶ月ほどで仔ヘビが自らの力で殻を破って出てくる。

一方、胎生のヘビは母親のお腹の中（卵管）で仔ヘビはある程度成長し、時期が来たら総排出口から産仔（さんし）する。前述のとおり、総排出口とは糞や尿だけでなく卵や仔ヘビが出てくる場所であり、オスではヘミペニスも出てくる。

卵生と胎生では明らかに違うように思われるだろうが、ヘビ研究員からすると卵生と胎

抱卵するビルマニシキヘビのメス。ニシキヘビの一部では、卵が孵化するまでの間、保温や保湿のために卵を抱く習性がある

アオダイショウの仔ヘビが卵から孵化した瞬間。卵生種は外気の影響を受けるため、気温や湿度によって孵化までの日数や孵化率が変わる

生はさほど大きな違いではない。早く産んで外で育てるのか、なるべく母親の中で育つのかだけで、ヘビであることに変わりはない。ワニ、カメ類はすべて卵生だが、トカゲ、ヘビ類には胎生もいる。卵生は、早く産むことで母体への負担が短期間で済むというメリットがある。胎生は、比較的寒い地方では日光浴で胎児を温めて成長を促進することができ、樹上棲のヘビは地上に降りる危険を回避できる。また、ウミヘビ類の多くは全く上陸できない種であるため産卵できない。このように環境や生態の違いによって、適応した繁殖方法をとっている。

胎生のボアコンストリクター。産まれた直後の仔ヘビ。親の体外に出る時は薄い膜に包まれている

〝ひなたぼっこ〟は生きるための手段

自然豊かな地域に行くと、ヘビが民家の塀の上や河原の石の上などで日光浴をする姿を見かけることがある。人間からすると怠惰な生き物に見えるが、実はヘビが生きていくうえで重要な行動なのだ。

ヘビは変温動物なので自ら熱を生み出す必要がない（ほぼできない）。そのため基礎代謝量は、恒温動物である哺乳類などに比べると低めだ。人間は体温を一定に保つために一定の期間内に栄養補給を必要とするが、ヘビはそれほど食べずに生きられる。

それでも体を温めることは生命維持のために必須だ。そこで変温動物であるヘビは、体外の熱を利用する。日光浴は、直接的に体温を上げる最も効率的かつ原始的な行動なのである。日光から得る熱には、直射日光による輻射熱だけでなく、何らかの反射熱であったり、岩や倒木、あるいは地表などの蓄熱だったりと、様々な種類がある。

逆に体温が上昇しすぎても、動物は生命の維持ができなくなる。そのため猛暑で体温が上がってしまう時期には、冷えた岩に体を密着させたり、流水や水たまりに体を浸したりすることで熱を放散するのである。

ハンターとして活動するためにも、日光浴は重要だ。ヘビは捕食する前段階としても日光浴する。獲物を捕らえる際に、自身の体調をベストな状態に持っていくためだ。体が冷えていたのでは〝戦闘能力〟を存分に発揮できない。もちろん天敵から逃げる際も同様で、来る好機や危機に備えて日光浴をしているということだ。

日光浴は産卵・産仔のためにも行なわれる。体温を上げて胚の成長を促すのである。また採餌後は消化を助けるために体温を上げ、腸内細菌や消化酵素のはたらきを促進させる。状況に応じて様々な形で日光を利用しているのだ。

冬眠するヘビ、冬眠できないヘビ

誤解されがちだが、すべてのヘビが冬眠するわけではない。低温環境に対応して代謝を極限まで下げ、そのまま数ヶ月間耐え凌ぐことができる種だけだ。いわゆる「冬」がある地域に生息する種に限定される。ヘビは気温の変動に合わせて基礎代謝量も上下する。代謝を低く抑えた状態を長期間キープすることも可能だ。そのため、日本のように明確な四季が存在する国では、極限まで代謝を落として耐え凌ぐ冬眠ができる種が存在するわけだ。

対照的に「冬」のない熱帯地域に棲むニシキヘビやアナコンダは冬眠しない。消化活動に必要な熱量は、ヘビが食べる餌の大きさにある程度比例する。ニシキヘビやアナコンダはウシやシカなどの大型哺乳類や、中型〜大型の鳥類まで捕食する。これらの大蛇は一度の食事に多くの熱量を必要とし、捕食後に一時的に基礎代謝を高めることで大きな餌を消化吸収している。この熱量を確保することが生きていくうえで重要になる。

前述したアオダイショウは、2m程度の個体であっても500〜600g程度のハトなどを食べるのが精一杯だが、5m以上に成長するニシキヘビやアナコンダであれば15〜30kgの獲物を捕食することもある。

食べた餌のサイズに違いがあっても消化メカニズムに大きな違いはなく、どんなサイズの獲物であれ死後は腐敗が起こる。その腐敗のスピードが腸内細菌と消化酵素による分解・吸収のスピードを上回ってしまうと、未消化での排泄や吐き戻しによる体調不良を引き起こし、最悪の場合は〝食あたり〟で死亡することさえある。

そのため大型の獲物を捕食する種は、年間を通して暖かい熱帯地域にしか生息していない。日光浴の必要もなく、意図的に代謝をコントロールできるのだ。当然、冬眠の習性がないので、極端に気温が下がると凍死する。日本に持ち込んだニシキヘビが逃げ出し、警察が捜索に駆り出される事案が時々発生するが、そもそも熱帯性のニシキヘビは日本の冬を越すことはできないのである。

ヘビの視覚は謎だらけ

スネークセンターでは「ヘビって、眼が悪いんですよね？」としばしば質問される。忙しい時は「そうらしいですね」と片付けてしまうこともあるが、応対可能であれば以下のような複雑な説明をすることになる。

人間の場合、眼の良し悪しは眼科や運転免許試験場で行なわれる視力検査の結果が基準となる。主要な情報を視覚で得ているので、視力は大きな意味を持つ。

そんな常識がヘビには通じない。ヒトというたった1種の動物の基準を、４１００種もいるヘビと比較すること自体に無理があるのだ。

地中棲のヘビは視力に頼る必要がないため、眼は退化して視力はほとんどない。しかし、

昼行性のヘビの目は、瞳孔が丸く、いわゆる「蛇の目状」になっている。この個体はアオダイショウのアルビノ。センターの人気者だ

樹上棲や平原に生息するヘビは視力を頼りにすることがある。夜行性のヘビはネコの眼のように瞳孔が細長い（スリット型）種が多い。スリットは暗闇では丸く大きくなり、少ない光を効率的に利用できる。明るい時は光量が多くなりすぎるので、瞳孔を細めて光量を調整する。一方で昼行性のヘビは丸い瞳孔が多く、目一杯に瞳孔を広げても暗闇では夜行性のヘビほどの視覚は得られない。

「カラフルなヘビは多いですが、ヘビは色を識別できるのですか？」と質問されることも多い。地中棲のヘビはそもそも視力がないので識別もできないだろうが、実際に

は多くのヘビが色覚を有しているとされる。ただしヒトにおける色覚と同じかどうかは疑問だ。

カエルを主食とするヘビを例に考えてみたい。同じ種のヘビでも色覚に個体差があると仮定する。緑のカエルを食べるヘビは緑色系統の認識力が高く、草むらにいる緑のカエルを見つけやすい。茶色のカエルを食べる個体は、茶色系統の認識力が高く、土の上にいる茶色のカエルを見つけやすい。生きるために必要な能力（色覚）が特に進化するのはヘビの特性である。この仮説は証明されていないものの、そうした研究が進めば明らかになってくると考えている。

仮にヘビの視力と色覚が優れていたとしても、それらの情報を脳で適切に処理できなければ宝の持ち腐れだ。匂いや熱、振動等を感じることができなければ、微動だにしないヒトと樹木の違いを認識できないかもしれない。

研究員がヘビを採集したり観察したりする場合は、動作を最小限に留める。ヘビを見つけたら気付かれないように超スローで近づく。写真を撮ろうとしてバッグからカメラを取り出す動作を気付かれ、逃げられることもしばしばだ。

鹿児島県の徳之島でハブ捕り名人と夜間の山中を探索していた際、樹上にいるフクロウを見つけて観察しようと体の動きを止めた。ところが夜行性で知られるフクロウは我々の〝擬態〟をあっさり見破って逃げてしまった。残念がりながらふと地面を見たら、1・6mほどのハブが悠々と移動中だった。ハブとの距離は1m足らずで、ハブが我々に気付いていたら咬まれていたかもしれない。我々がフクロウを騙そうと静止した結果、フクロウではなくハブを騙す結果になってしまったのだ。このように、静止しているものに対して、ヘビは往々にして無関心なのである。

情報収集の80%を視力に頼るとされる人間とは違い、ヘビは視力に頼る割合が相対的に低いことは間違いなさそうだ。その分、視力以外の各種センサーが備わっている。

「独特の嗅覚」と「使えない聴覚」

「どうしてヘビは舌をチョロチョロさせるのですか?」――これも定番の質問だ。そう訊かれたら、「ヘビは鼻だけでなく、舌でも匂いを嗅ぐんですよ」が解答である。

ヘビは口から舌を出して周囲の化学物質を集め、口内にあるヤコブソン器官に運び、何であるかを認識する。ちなみにトカゲにも同様の能力がある。この化学物質を「匂い」と表現するが、鼻で嗅ぐメカニズムとは異なっている可能性もある。いずれにしても舌を頻繁にチョロチョロと動かすのは、餌や天敵の存在を感じて化学物質を盛んに集めているからである。

ヤコブソン器官は両生類にもあるが、ヘビとトカゲ以外の爬虫類と鳥類、哺乳類では退化していることが多く、大半の哺乳類では性フェロモンを感受するのみの器官となっている。ヘビは舌を介して人間には知ることのできない匂いを感知していると考えられる。

今から30年以上前の話だが、沖縄県在住の方から「駐留米軍が使う虫除(よ)け剤はハブを遠ざける効果があるらしいので、確かめてもらえないか」との依頼があった。

早速その除虫剤を死んだマウスにたっぷりかけて、飼育している（給餌慣れしている）ハブに与えたところ、すぐに咬みつき呑み込んだのだが、予想に反してハブの腹具合は悪くならなかった。

野生のハブでは確認できなかったものの、捕食行為に対する忌避(きひ)効果はほとんどないと思われる。除虫剤の成分や匂い云々ではなく、いきなり米軍人が目の前に現われれば、ハ

アオダイショウのアルビノ。舌をチョロチョロと出し入れして周囲の化学物質を集め、ヤコブソン器官に運ぶ

ブは慌てて逃避するだろう（近づきすぎれば攻撃姿勢を取るかもしれないが）。米軍の除虫剤がよく効く噂の真相は、おそらくそうした理由だったと推測される。
「ヘビ除け」を謳うキャンプ用品もある。限られた実験下では忌避効果もあるとされるが、研究者としては絶対的な効果はないと考えている。ヘビが匂いに敏感だとしても、逃避や攻撃の判断は人間がヘビ除け剤を使用しているかどうかよりも、外敵（人間）が近づくかどうかのほうが優先されるだろう。

前述したようにヘビに外耳はないので、

耳の存在は外見ではわからない。だが、近年の研究で特定の周波数（人よりも感知範囲は狭い）を感知できることが判明してきた。これがヒトの聴覚に相当するといえそうだ。

地上にいるヘビは身体の大部分を地面に接触させているので、地面の震動に敏感だ。ヒトが立っている時よりも寝ている時のほうが、地震の揺れを感じやすいのと同じである。

ヘビからするとヒトは巨大生物である。それが歩いて近づいてくれば振動を感じ、視覚や嗅覚に頼らなくても危険が接近している認識を持つ。実際、飼育ケージにヘビの死角から普通に近づこうとすると簡単に見破られてしまう。振動させないように、抜き足差し足が必須である。

まれに「ヘビの嫌がる音はないか？」と訊かれる。山道などで鳴らしておけば咬まれにくくなる——ということなのだろうが、期待に応える説明はできない。

「大音量でトランペットを吹いても、音自体はヘビには聞こえないでしょう。ただしお祭りで使うような大太鼓なら効果はあるかもしれません」

ヘビが太鼓の音を嫌うという意味ではない。太鼓台を通じて伝わる地面の震動を異常事態と感じて、逃避行動を取るということである。ヘビ除けのために大太鼓を設置するくらいなら、ドスンドスンとジャンプしたほうが手っ取り早いだろう。

鳥類やカエルなどは繁殖期に声による信号を発信する。ヘビは音声信号を発しないので、聴覚が繁殖行動に大きく関わることはない。音声信号は遠方からでも感知できるので効果的である半面、天敵に居場所を知らせてしまうリスクがある。ヘビは聴覚のない不利を嗅覚などで補っているわけだ。

非接触でも「わずかな熱の違い」を感知する

ヒトが眼で認識できる光は可視光線と呼ばれる。波長が短すぎて可視されないのが紫外線で、長すぎて可視されないのが赤外線だ。

マムシ亜科、ニシキヘビ科とボア科のヘビは「ピット器官」という、赤外線（熱）を感じるセンサーを持っている。

マムシ亜科では鼻と眼の間の凹んだ部分に左右一対のピット器官（頬窩（きょうか）とも呼ばれる）がある。ただしマムシのピット器官を確認しようと顔を近づけるのは危険なので、やめていただきたい。鮮明なマムシやハブの頭部写真ならピット器官を確認できるだろう。

ニシキヘビ科とボア科のピット器官は上下の唇にあり、「口唇窩（こうしんか）」とも呼ばれる。マムシ亜科と、大蛇を含むニシキヘビ科、ボア科の異なるグループでピット器官が別々の場所で進化したのは興味深い。

ヒトがストーブに手をかざせば熱を感じるが、微妙な温度差まではわからない。しかしマムシ亜科のピット器官は非常に優れていて、ニシキヘビ科、ボア科の3倍ほど感度が良いとされ、わずか0・003℃の温度差を判別し、感知可能距離は約1mといわれる。そして左右一対のピット器官は対象物までの距離を正確に把握できる。ヒトが左右一対の眼で見ることで、距離を把握しやすくなるのと同じ理屈だ。

特に夜行性で恒温動物を主食とするヘビにとっては、獲物が発する熱情報（体温）は非常に重要だ。極めて微妙な温度差を感知できることを考えれば、獲物が通過した地面の温度差も認識しているのかもしれない。

はるか昔の話だが、飼育中のハブに咬まれたことがある。ケージの隙間から死んだマウスを約40㎝の鉗子（かんし）の先に挟んで給餌しようとした時だった。ところがハブはマウスではなく、鉗子の根元の手を咬んだ。ハブはマウスの匂いや形状ではなく、手の温度に反応して

ハブのピット器官（矢印の位置）。鼻と眼の間にある凹みで頰窩とも呼ばれる

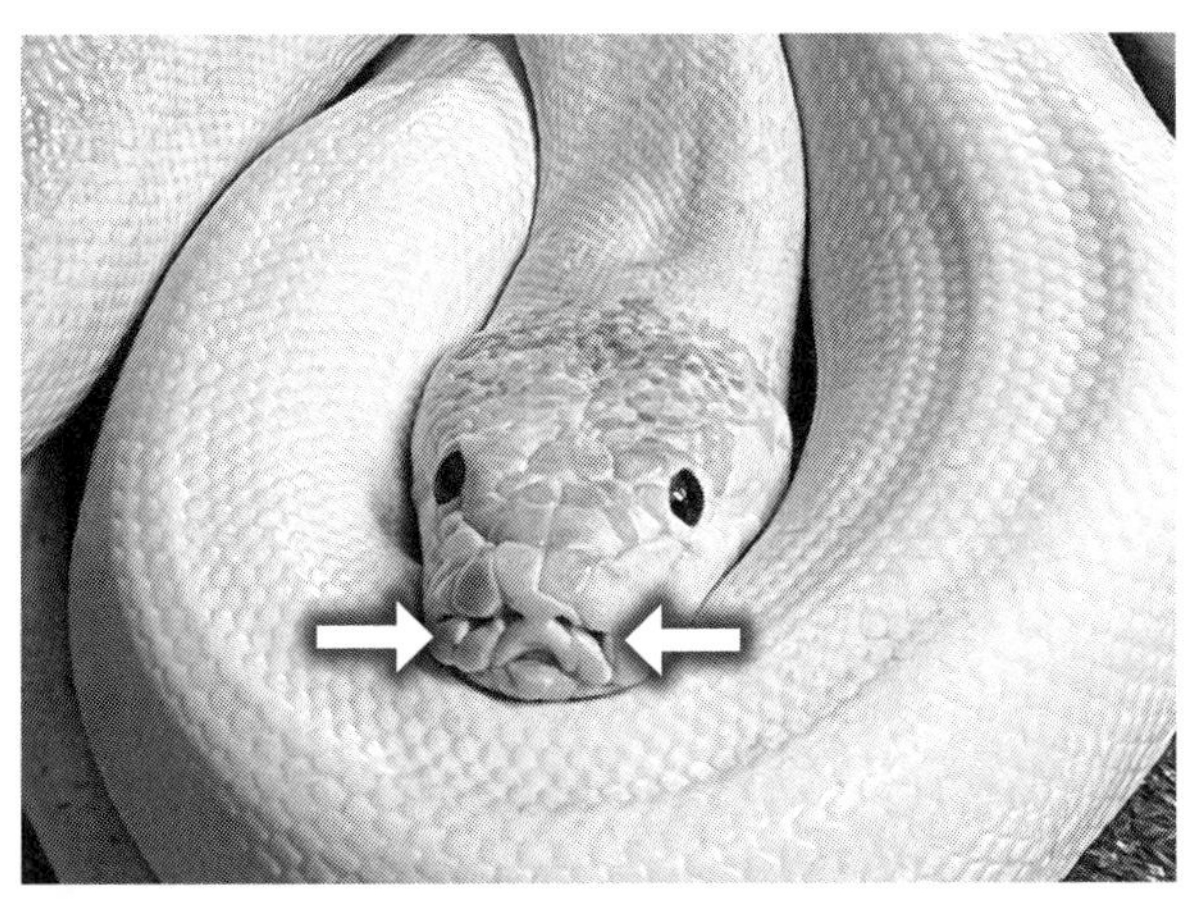

アミメニシキヘビのピット器官（矢印の位置）。唇の上下にあり口唇窩とも呼ばれる

反射的に咬みついたのだろう。匂いは空気中を漂うので、正確な位置判定には向かない。視覚よりもピット器官による赤外線感知が優先したと考えられる。

給餌の失敗話のついでといってはなんだが、最後に味覚についても触れておこう。

ヒトは甘味、酸味、塩味、苦味、うま味を感じる。それは食事を楽しみたいから備わっているのではなく、甘味は安全性や栄養価が高い、酸味は腐敗の可能性がある、苦みは毒の可能性がある……というように、本来は身の安全を維持するための機能だ。したがってヒト以外の動物でも重要と考えられるが、餌を丸呑みするヘビに味覚は必要あるのだろうか。

ヘビの中には車に轢かれたカエルなどを食べるものもいる。生きたカエルを追い回すよりも、動かなくなった死体を食べるほうが捕食行動としては効率的である。何日か経過して腐敗したカエルもいるかもしれないが、ヘビの嗅覚をもってすれば察知できるはずだ。口に入れてから腐敗に気付いて慌てて吐き出すといった、間の抜けた人間のようなことはしないはずである。舌に味蕾（味を感じる器官）を有するヘビもいるのだが、細かい味の違いを感じ取っているわけではなさそうだ。

なぜ「ウネウネ」「とぐろ」なのか

ここからはヘビが備えている生物としての機能について説明する。

サイズの大小はあるものの、ヘビには機能としての手足がないので細長い紐状の体型だ。太古の時代から長い年月をかけて進化する中で、トカゲのように手足がある爬虫類から分化した特徴であり、ヘビが進化して手足が生えてトカゲになったわけではない。要は〝生きるうえで有利だから〟、ヘビには手足がなくなったということだ。

ウネウネ、ニョロニョロとした動きを見て、ヘビが軟体動物だと勘違いする子供も（大人でさえ）かなり多いが、もちろんれっきとした脊椎動物で骨も関節もある。先述したように頭や、胴体、尻尾という区分も明確に存在している。これらの特徴は、脊椎動物であればすべてが皆当たり前に持っている。

それでもヘビの独特な容姿は、多くの疑問をもたらす。代表的な質問は、「手足がないのになぜ動けるの？」というものだ。ヘビの動きは様々あるのだが文字だけで表現するのはとても難しい。ここでは代表的な「蛇行運動」「アコーディオン運動」「直進運動」について、図で説明する。
ヘビは小さい種で十数㎝、大きな種は10ｍほどにまで成長する（79ページ上写真）。ヘビの世界ではサイズに１００倍もの差がある。ヒトにも大柄な民族、小柄の民族があるとはいえ、差が2倍にはならない。また、大柄か小柄かにかかわらずヒトの骨の構造は変わらず、脊椎（いわゆる背骨）の数は24個である。

ところが、ヘビのサイズの違いは脊椎の数に現われる。少ない種類で約１５０個から、多いものでは約３５０個だ。少ない種類の約１５０個にしても、脊椎の数は哺乳類や鳥類と比較してはるかに多い。この脊椎すべてが上下左右に可動域を持つため、体全体が柔軟な多重関節構造となっている。脊椎に沿って筋肉も細かく配置されているため、局所的に押す、縮める、曲げる、伸ばすといった細かい動きが可能になる。

胴体にあたる部分の脊椎には、両脇に1本ずつ肋骨（あばら骨）が備わっている。この肋骨までもが可動式で、さらに哺乳類のように腹側でくっついていないため、体を扁平に したり、膨らませたり、捻ったり、窄めたりという動作ができる。ちなみに「コブラがフードを広げている姿」も、肋骨がパカパカ開閉することで可能になる（79ページ下写真）。

【蛇行運動】

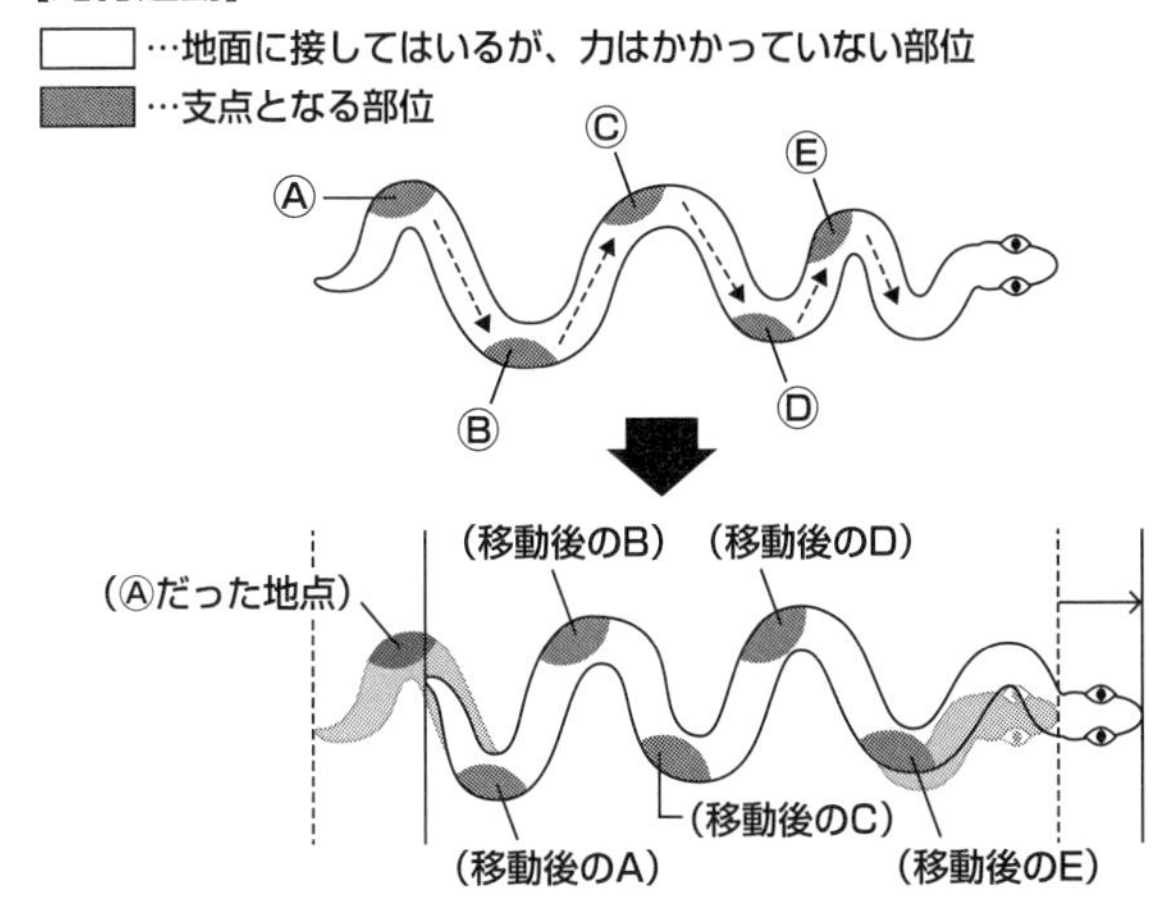

A～E で示した部分の体側にある筋肉を使い、破線の矢印と反対方向に地面を押す。A ～ E が置き換わることによって体全体が前進していく。アオダイショウなどのナミヘビ科に多く該当

【アコーディオン運動】

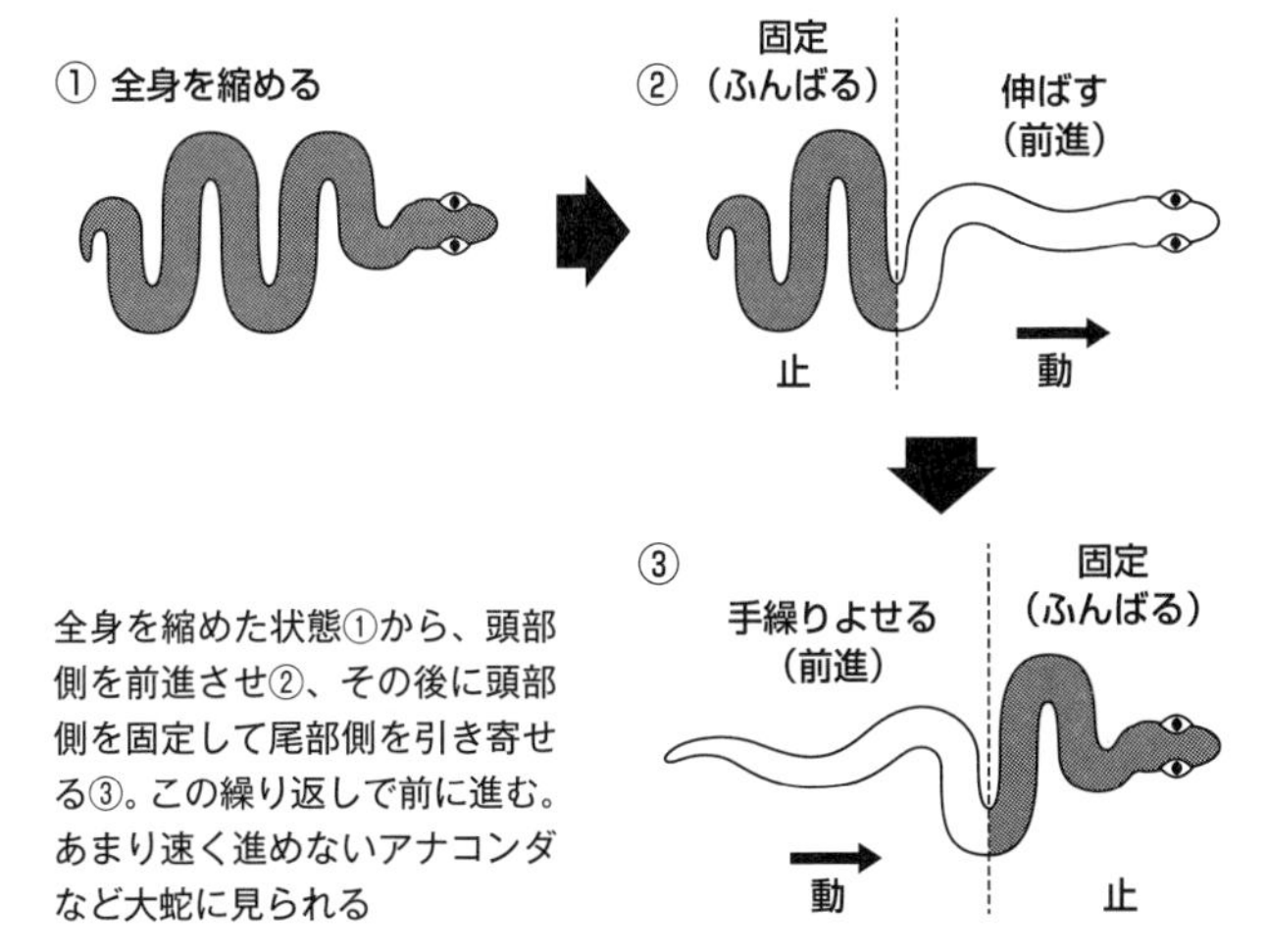

全身を縮めた状態①から、頭部側を前進させ②、その後に頭部側を固定して尾部側を引き寄せる③。この繰り返しで前に進む。あまり速く進めないアナコンダなど大蛇に見られる

ヘビは体全体が関節であることに加え、個々の関節が広い可動域を持っているがゆえに、「ウネウネしながら進む」「とぐろを巻く」といった〝ヘビらしい〟動作を実現することができる。

付け加えると、爬虫類の大きな特徴でもある体表の「鱗」は、移動する際の抵抗を減らしたり、反対に凹凸(おうとつ)を捉えるためのグリップ力を高めたりといった動作の補助に大きく役立つ。ヘビが垂直の岩を這(は)い上がったり、木に登ったりできるのは、まさに鱗のはたらきである。ヘビの滑らかなフォルムは、実はとても合理的なのである。

ヘビの象徴としてイラストに描かれることが多い「とぐろ」についても解説しよう。この姿勢こそ「臨戦」と「休息」を兼ねる、究極の〝攻守兼用の型〟なのだ。

ヘビの細長い体は自由自在に動くことはひと通り説明したが、デメリットもある。敵と相対した時に、急所である頭部を瞬間的に遠ざける動作はできても、長い胴体部や尾部は、摑まれる、嚙みつかれるなど攻撃の的になりやすい。

では、どんな体勢ならばヘビは有利な動きができるのか。それが「とぐろ」である。

とぐろを巻く状況は2パターンに大別される。ひとつは獲物を待ち伏せする攻撃の準備

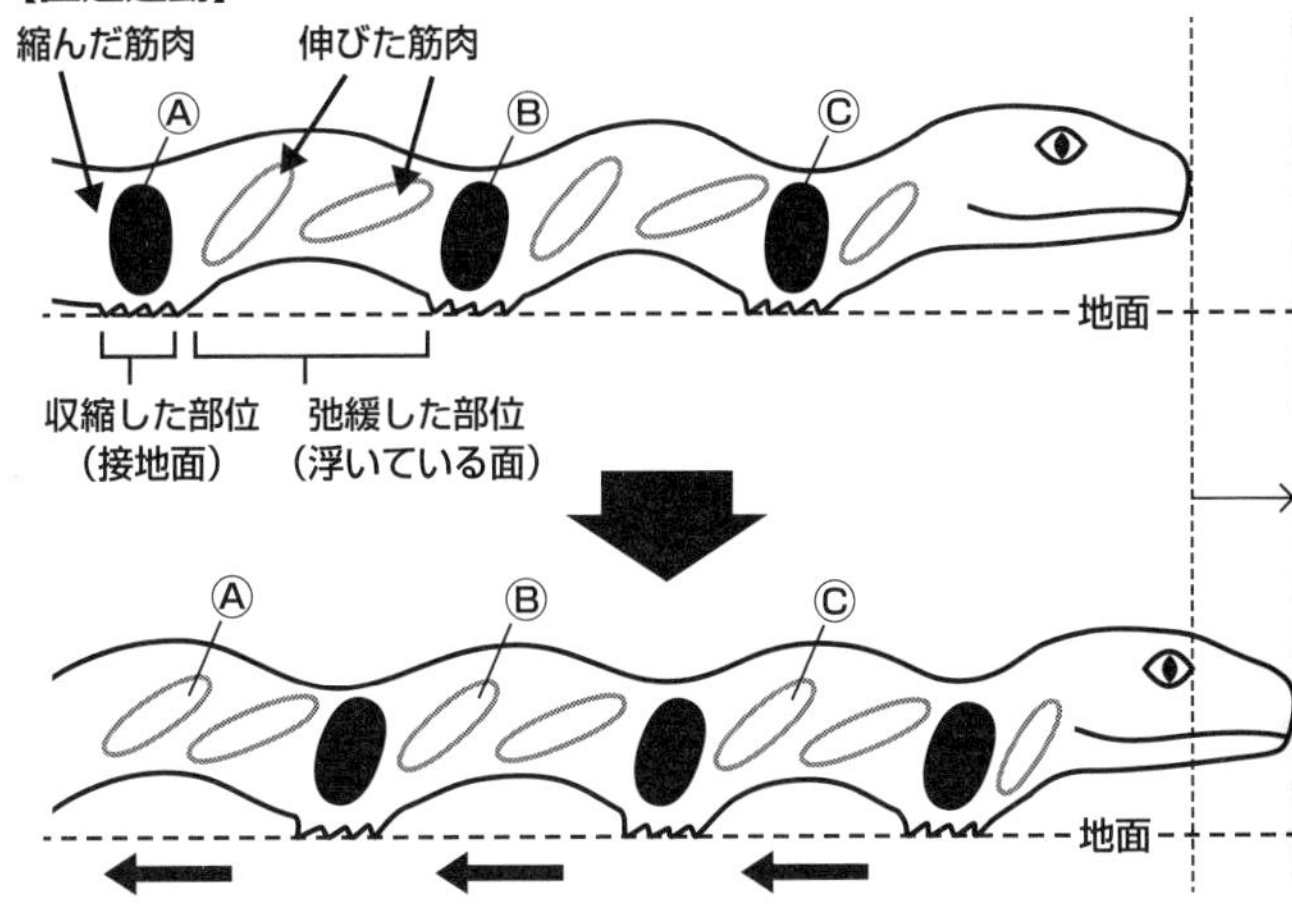

逆立てた「お腹の鱗（腹板）」で地面をとらえ、接地面の収縮した筋肉を後方へ送り出すようなイメージで進む。昆虫のイモムシの動きと似ている。ガボンアダーなど太くて短いヘビに見られる

段階。もうひとつは、日光浴時や物陰などに隠れる休息・防御目的の状態である。

攻撃姿勢の場合、獲物めがけて飛びかかる際の「バネ」の役割を果たし、地面に接している胴体部は、頭部（頸）を高速で射出する「どっしりした発射台」となる。

とぐろは基本的に渦の中心に頭部が位置するように陣取られ、頭の向きを変えるだけで全方向に注意を払うことができる。３６０度を見渡す体勢なので、どこから外敵が迫ってきても早い段階で察知できる。

繰り返しになるが、ヘビは約4100種も存在する。種によってはとぐろの姿勢を取らないヘビもいる。あくまで大多数のヘビに関する説明ということをお断わりしておきたい。

オス・メスの視覚的判別は難しい

ヘビのオス・メスを、見ただけで瞬時に当てられる人間は恐らく存在しない。そう断言してしまうと優れた生物学者の方から反論を受けるかもしれないが、半世紀以上続いてきた日本蛇族学術研究所（スネークセンターの運営母体）の歴代研究員が挑んでも、誰も成し得ないレベルの難しさであることは確実だ。難しい理由は2つある。

第1の理由は単純な話で、オスの生殖器が体内に格納されている点だ。変温動物の場合、オスの生殖器が体内に格納されているのはごく当たり前である。

哺乳類のようにオスの生殖器（精巣）が体外に露出している理由は、精子が熱に弱いという性質を持つためで、恒温動物ならではの形質である。ちなみに鳥類も恒温動物だが、総排出口付近にオスは精巣、メスは卵巣がある。飛翔の妨げになるからだとされている。

第2の理由は、生殖器に限らず外見的な雌雄差が極めて少ないことにある。

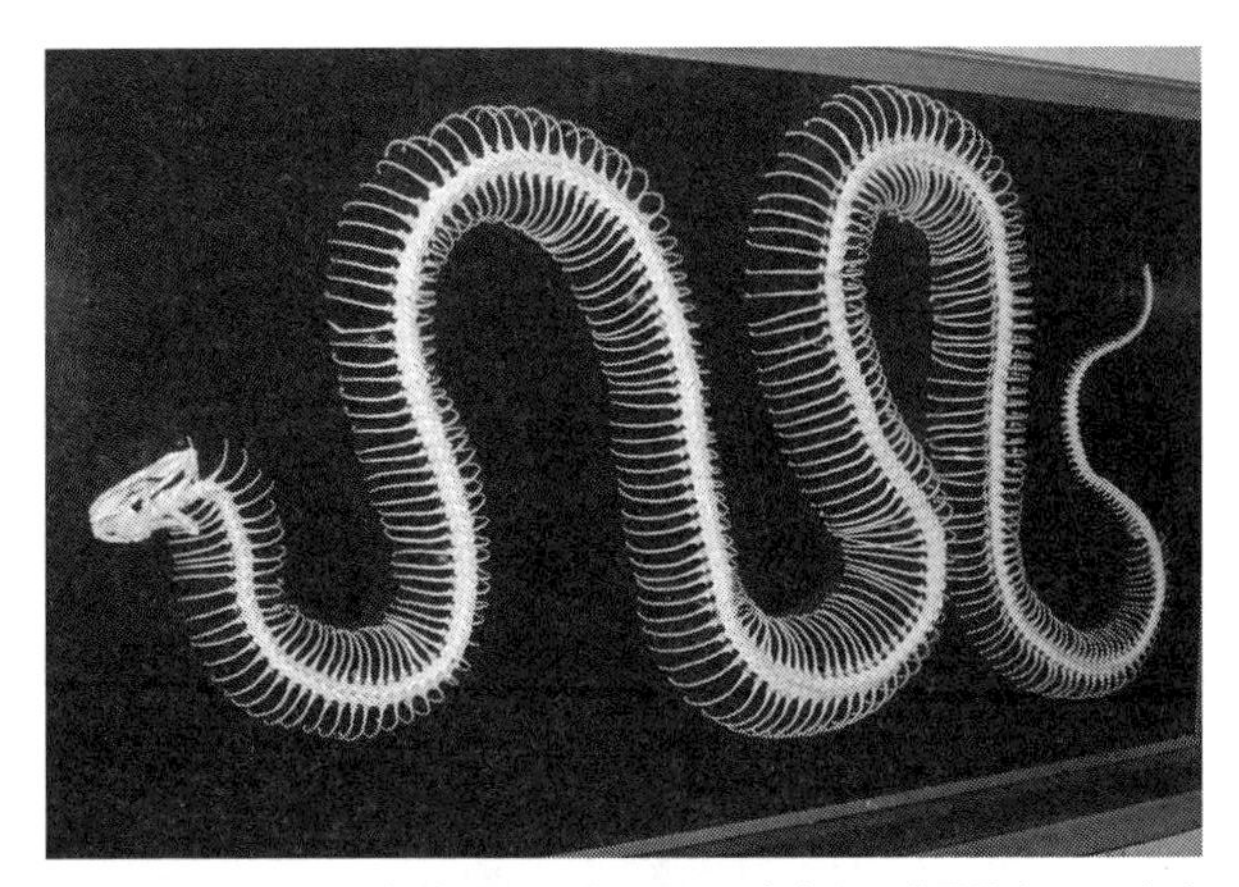

オオアナコンダの標本。南米の湿地や川辺に生息する世界最大のヘビ。全長約９m、体重は最大で200kg以上。強力な絞めつけで獲物を捕らえる

フードを広げるシンリンコブラ。コブラといえばこのポーズが印象的。肋骨を広げることで、こうした姿になる

動物にはオス・メスで形質の違いが見られる例が多くある。同種間で雌雄に現われる形質の違いを専門用語では「性的二形」という。性的二形の動物では、オス・メスそれぞれが相手に対して何を求め、どういったアプローチをするかが反映される。

哺乳類の中でも高度なコミュニケーションを駆使し、群れを成すライオンのような種では、集団全体を率いるために強靭さや威厳が求められる。そのため頭や体が大きく、強さを象徴するように〝たてがみ〟が立派に発達しているようなオスがリーダーに選ばれる。また、メスに比べてオスのほうが総じてサイズも大きい。基本的にメスが中心となって子育てを行なう哺乳類や鳥類では、母子の安全を守る役割がオスに求められるケースが多いため、オスのほうが大型化する傾向にあるといわれる。

また、哺乳類や鳥類で〝つがい〟と呼ばれる一夫一妻のパートナーで繁殖をする種では、オスまたはメスが異性にアピールする際、オス（メス）同士の競争に勝ち抜くために、色彩や体の一部を大きく発達させる例もある。

性的二形に着目して爬虫類を見渡すと、トカゲやカメ、カメレオンなどはオス・メスで色彩や形態に違いを持つ種類も多く存在する。ヘビに関しても一部にはそうした種も存在するが、多いとはいえない。あえて挙げるとすればオス・メスの体格が若干違う程度だ。総じてメスのほうが大きいが、後述するように例外もある。

これはヘビが「視覚的な情報に重きを置いていない」ことの証左でもある。嗅覚情報によってオスはメスを、メスはオスを探し、繁殖行動を行なうヘビならではのスタイルといえる。基本的に子育てをしない産卵種のヘビは、メスがより多くの卵を産むことで多くの子孫を残そうとする。体の大きさと産卵数は比例する傾向にあり、死ぬまで成長を続ける（専門的には終生成長という）性質を持つヘビは、長生きすればするほど体も大きくなり、遺伝子を残す機会も増える。結果として「大きなメス」の遺伝子は自然選択的に残っていくというわけだ。

ただしオーストラリアヤブニシキヘビやトウブダイヤガラガラヘビのように、オス同士がメスを巡って争う種では強いオスが勝ち抜き、子孫を残すパターンになりやすい。そのため、メスよりもオスのほうが大型化していく。

オス同士の競争は「コンバットダンス」と呼ばれる。ただし、牙で咬みついて相手を痛めつけるような〝リアル戦闘〟で優劣を決定するわけではない。ヘビ同士が絡まるような形で背伸びし、どちらのほうが大きいかを誇示するのだ。その様子がダンスを踊っているように見えることから、コンバットダンスという呼称が付いた。

オス同士がメスを巡って争うのは動物界において珍しいことではないが、ヘビに関してはそのケースは少ない。複数のオスが1匹のメスに対して同時にアプローチするような習性を持つ種が多く、シマヘビやオオアナコンダなどではオスが集団で絡まり合い、1匹のメスに交尾を迫るような習性がある。このオスの集団が絡まった姿を「ヘビ玉」を呼んだりする。

人間がヘビのオス・メスを見分けることが難しい理由は、このようなヘビの特徴に加え、人間が「視覚」に頼る動物だからでもある。ヘビは嗅覚でオス・メスを判断することができる。ヘビは嗅覚情報が高度なため、人間の想像もつかない世界が見えているのだろう。この謎多き生態こそがヘビの魅力でもあり、ロマンなのだ。

「賢い」のか「ずる賢い」のか、それとも……

これまたスネークセンターの来場者に何度も訊かれるのは、「飼育しているとヘビは懐(なつ)

スネークセンターのイベントにてお客さんに触られているボールパイソン。大抵のヘビは、触られても咬まない程度には慣らすことが可能

いてくれるんですか？」だ。

ヘビをペットにしようとする方々を落胆させてしまうが、結論は「ＮＯ」である。ヘビは懐かない動物なのだ。生来の凶暴生物という意味ではなく、単に他者に対する関心が薄く、快適な環境を求めるだけの本能重視の動物であるということである。そのため「懐く」ことはないものの、「慣れる」という状態にすることは可能だ。

「懐く動物」の代表格・イヌと比較してみよう。イヌは飼い主（および飼い主と良好な関係にある人間）とそれ以外を区別し、明確に態度を変える。「飼い主にだけ尻尾を振る」「知らない人間を見ると吠える」

などがその行動だ。これらの行動は「集団内での順位決定」というイヌの習性に由来しているのだろう。知能が高い動物において、順位制は集団を統治する合理的な方法で、仲間内での争いを避け、数（集団）の利を活かした狩りなどに役立っている。

その点、ヘビは極めて単純思考的な動物で、生物を相手にした場合の思考の選択肢はざっくり3パターンしかなく、「餌（食える）かどうか」「敵かどうか」「繁殖の対象かどうか」である。そしてどれにも当てはまらないと判断された場合は「無関心」となる。

基本的に動物は自分より大きな動物を恐れる。しかし、そうであっても習慣的に発生する事象に対し、最初は過敏だった感覚が徐々に鈍麻になっていく。「怯（おび）えなくなる」「怒らなくなる」「警戒しなくなる」といったニュアンスだ。ヘビも同様で、人間が近づいたり触れたりすることに徐々に反応しなくなる。要するに、ヘビは飼い主に触られることに対して「無関心」になる。それが「慣れる」という状態だ。

ただしあくまで「触られても気にしない」という状態になっただけで、「触ってちょうだい」という感情を発露することはない。そこを勘違いしてヘビと触れ合うと、過度なストレスを与えてしまい、反撃を受けることもある。ヘビを飼おうとする皆さんには注意し

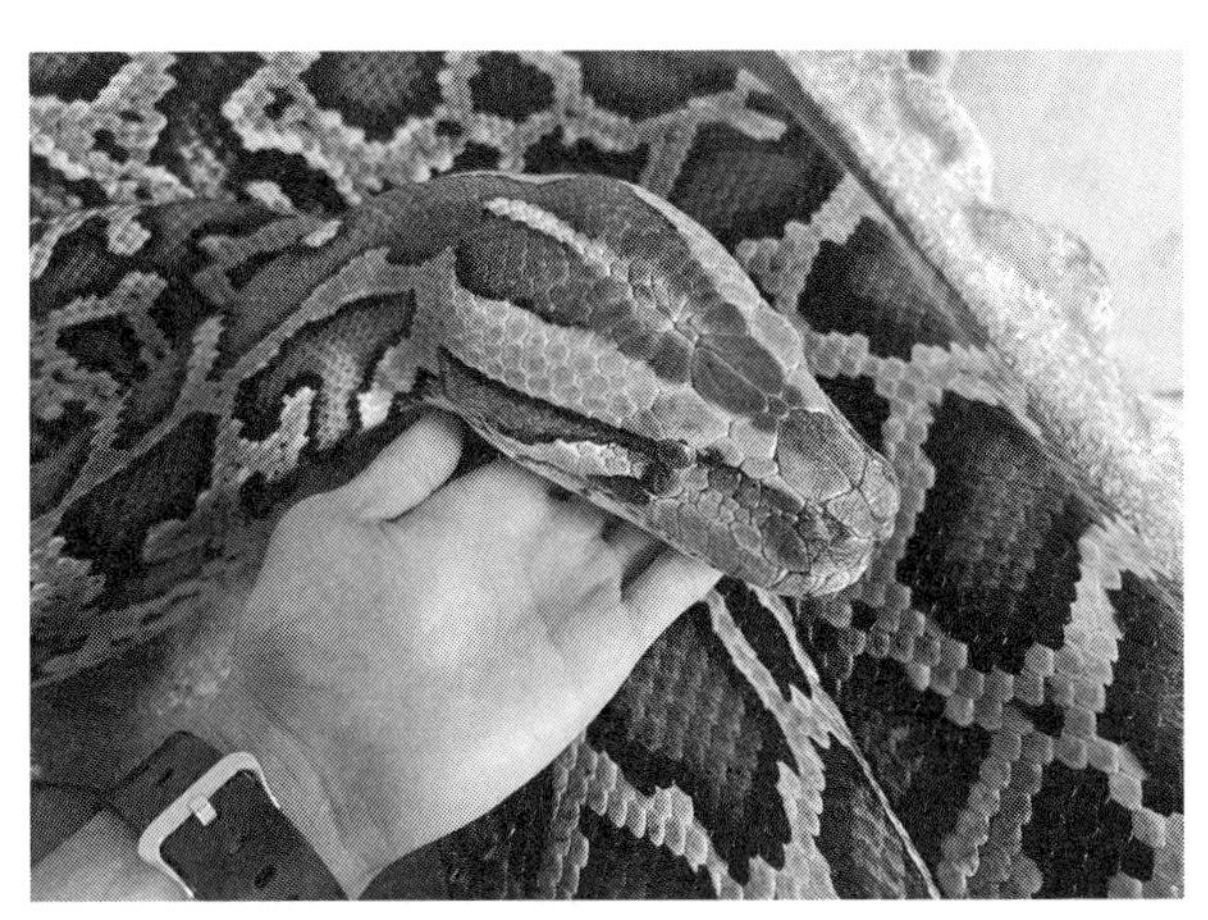

大型のビルマニシキヘビ。ヒトを殺すことができるほどの力を持つ大蛇だが、接し方次第で慣らすことは可能。もちろん十分な注意が必要だが

ていただきたいものである。

ヘビは脳よりも感覚器のほうが高度に発達しているため、あまり複雑な思考能力はない。身も蓋もない言い方ではあるが、頭はあまり良くない。

だが、学習能力はそれなりにある。たとえば「この木を登った先に快適なねぐらがある」や、「この茂みを進めば水飲み場がある」といったことは覚える。同じような刺激（体験）が連続して脳に伝達されて一定の回数に到達すると、習慣として記憶されるようだ。

どれくらいの刺激があれば習慣化される

のかは生物学的・科学的に解明されていないものの、スネークセンターでの触れ合いイベントに出演させるヘビの「慣らし」を行なう際には、触られる訓練を週に2〜3時間、3〜4ヶ月ほど続けている。すると、中には例外もあるが、ほとんどの個体がおとなしくなる。ヘビの大小や生息地はあまり関係なく、ほぼ同じくらいの期間で学習してくれる。

そうはいってもヘビはそもそも触れ合い向きの動物ではなく、どんなに慣らしたとしても触られて喜ぶことはない。中には性格が攻撃的な種も存在するため、スキンシップは種の特性を考慮したうえで行なわなければならない。当たり前だが、ヒトを捕食することさえできる大型のニシキヘビやアナコンダは、油断していると突然捕食者としてのスイッチが入る。そんなシチュエーションがあるかどうかはさておき、近くに専門家がいない限り、近寄ってはいけない。

ヘビの行動に関してしばしば「狡猾」「ずる賢い」といった表現を目にすることがあるが、ここまで述べてきたようにヘビは全く賢くない。そうである以上、これらの表現は当てはまらない。

ヤブや草むらに身を隠したり、毒を使ったり、匂いを辿って追跡したりと、人間の感覚では〝卑怯な行動〟をするので狡猾と表現されるのだろうが、ヘビは単純に自分の能力をフル活用しているに過ぎない。動物の特性をよく知ったうえで改めて見直すと、違った印象になるだろう。ヘビは洗練された能力を武器に、ストイックに生きる〝正直者〟なのだ。

第二章

ヘビ毒の怖〜い話

毒ヘビとともに成長したスネークセンター

本章ではヘビの特徴、あるいは象徴として多くの人々が思い浮かべる「毒（毒ヘビ）」について触れていく。毒を有するヘビは全体の2割程度と少数派だ。それでも毒ヘビで章を割く理由は、我々が勤めるスネークセンターの成り立ちに深く関わっているからである。

スネークセンターを運営する一般財団法人「日本蛇族学術研究所（蛇研）」の歴史は古く、昭和の半ばに遡る。当初は医薬品、酒類の製造販売を手がける株式会社「陶陶酒本舗（1948年創業）」の製造部門が設立した研究所として1965年に始まった。

設立に至った経緯はさらに遡る。

1904年にハブ毒の治療血清が作られ、翌年に沖縄と奄美群島（鹿児島）で初めて治療に用いられた。この研究のために、ハブ毒を採取するための伝染病研究所（1892年に北里柴三郎が設立）の関連施設が奄美大島に作られた。この研究所は1915年に東京帝国大学附置伝染病研究所（現在の東京大学医科学研究所）の所管となる。〝国策〟として抗毒血清の研究が活発に行なわれるようになったといえる。

陶陶酒蛇族研究所時代に建てられた研究棟。現在は使われていないが1990年頃までは数々の研究が行なわれた

終戦後、血清効果の検定は東京大学附置の生物製剤試験製造施設に移る。その時の主任研究員が、後に蛇研の所長となる沢井芳男・東大助教授である。

1953年に奄美群島が日本に復帰すると、熱帯医学の調査研究が盛んになり、1956年に佐々学・東大教授（後の当研究所理事長）らによって、奄美におけるハブ咬症（当時は「咬傷」ではなく「咬症」と表記されていた）の疫学調査が開始された。ハブの生態や咬傷に関する研究の成果は、1959年に発足した日本熱帯医学会や、1962年に発足した日本爬虫両棲類学会で発表されるようになった。

そうした研究を支援・協力してくれたのがマムシ酒を製造販売する「陶陶酒本舗」の毬山利久・社長で、1965年に「陶陶酒蛇族研究所」が誕生したのである。

当初は薬用酒の原料となるマムシの養殖や品質向上などの研究から始まったが、やがて世界のヘビを展示（毒蛇温室とマムシ屋外飼育場）するなど、ヘビの生態やヘビ毒に関する研究も行なわれるようになった。沢井博士をはじめ多くの研究者が指導者となり、東大、群馬大、熊本大、鹿児島大、進駐軍の406総合医学研究所、さらには海外などから研究者が名を連ねた。

様々な研究成果を発表するとともに、1966年には蛇研主催による「世界のヘビ展」が東京池袋の西武百貨店で開催され、それまで日本では実際に見ることができなかったニシキヘビやコブラ、ガラガラヘビなどが展示され、2週間の開催期間中30万人もの来場者を集めた。その後も定期的に展示会が各地で開催され、研究所運営の貴重な資金源となった。研究拠点である群馬県太田市藪塚のスネークセンターでも展示に力を入れ、「中国のヘビ展」（1979年）、「スリランカのヘビ展」（1981年）、「ソ連のヘビ展」（1987年）、などが開催されてきた。

海外から多くのヘビが輸入されるなか、展示の充実とともに何種類もの毒ヘビから採毒が行なわれた。その研究成果などをまとめた学術機関誌『THE SNAKE』の第1号が1969年に刊行された。残念ながら財政難のために28号で休刊となってしまったが、現在でも海外の研究者からリプリント依頼のメールをいただく。実に嬉しいことである。

また、血清の研究は多くのヘビの犠牲で成り立っている。1971年には多摩美術大学の建畠覚造・教授が設計した「白蛇観音像」が供養塔としてスネークセンター内に建立され、コロナ発生前の2019年まで、毎年10月に供養祭が催されてきた。

ヘビ毒による被害は世界共通の課題である。蛇研による毒ヘビ咬傷調査は国内にとどまらず、文部省の海外学術調査の研究補助金を受けてブラジル、マレーシア、タイ、ビルマ（現ミャンマー）、フィリピン、台湾、韓国、香港、インド、スリランカ、インドネシア、南アフリカ、ケニア、中国で行なわれ、国際的にも大きな役割を果たしてきた。

さらには国際毒素学会（1974年、東京）、WHO（世界保健機関）との共催による毒蛇咬症の疫学及び治療に関する国際セミナー（1980年、沖縄）、蛇類による人間及び野生動物の被害に関する日米国際会議（1992年、沖縄）など、数々の国際会議開催に関わってきた。いずれも沢井博士の発案と尽力によるもので、蛇研の名を海外にアピールする機会となった。

毒ヘビ110番を開設

生物学的な研究にとどまらず、スネークセンターは〝ヒトを救うための活動〟も手がけている。その代表的な業績として「ヤマカガシ抗毒素の試験製造」が挙げられる。文部省の研究費を受けたヤマカガシ毒に関する研究は1982年に始まり、その毒作用と咬傷の病因を解明。1985年にはウサギ、ヤギを免疫して抗毒素が試作された。同年に鹿児島県で発生した重症例では2日後に抗毒素が投与され、その効果が実証された。2001年にはウマを免疫した抗毒素が製造され、臨床研究は現在も継続している。

スネークセンターが蓄積した知見をもとに、2008年からは「マムシ・ヤマカガシ対策研修」も実施している。この研修は多くの医療関係者も受講し、咬傷被害対策に役立てられている（コロナ禍を受け、2021年からはリモート研修も実施している）。

並行して医療機関からの依頼による出張研修も行なっている。また、「毒ヘビ110

番」を開設し、年間300〜400件の問い合わせに対応している。

近年はペットとして外国産のヘビも多く飼育されている。無毒ヘビであれば問題はないが、違法に販売された危険なヘビによる咬傷や、飼育許可の必要がない弱毒のヘビによる咬傷事例が増えている。そうした被害への対応もスネークセンターの存在意義だと自負している。


〝被害者〟は生き物だけとは限らない。しばしば起きるのが電気設備関係の事故だ。アオダイショウは高所に登る能力が非常に高く、電柱はもちろん巨大な鉄塔などにも登ってたびたび設備をショートさせる。電気設備施設への侵入による停電も問題となっている。そのためメーカーが試作した防蛇フェンスなどのチェックを依頼されることも多い。ヘビを飼っていなければ実証試験ができないからだ。

これらを完璧に防ぐのはなかなか難しい。特に鉄塔はヘビにとって登るための足場が多い。鉄塔の上に餌がいるわけでもないのに、何と40〜50mも登るヘビもいるのだ。興味深いことに、事故が起きるのは晴天の日ではなく雨や曇りの日が多い。晴れた日は電柱や鉄塔の表面の温度が上昇するので、ヘビも接触したくないのだと思われる。

蛇研およびスネークセンターの歴史と成果を振り返ってきたが、我々の研究にかかる費用の大半は、スネークセンターの観覧料収入である。しかしながら、ヘビに特化した展示内容で、〝メインキャスト〟は大蛇と毒ヘビだから、一般的な動物園等とは来園者層がやや異なる。爬虫類人気は高まっているとはいえ、千客万来とはいかない。

公的な研究費や補助金を受けても、それがスネークセンターの運営費に使えるわけではない。研修や講演を行なっても大きな収入にはならないし、防蛇フェンスの検定は1年に数件なので、やはり収入として微々たるものだ。

そうしたなかで血清製造のために必要なヘビ毒（ハブ、マムシ、ヤマカガシ）のほとんどはスネークセンター（蛇研）が供給している。そのためには数十匹の生きたヘビを絶えず確保しておかなければならない。現在、約25年ぶりにヤマカガシの抗毒素製造のために毒を集めているが、今回製造したら次回はいつになるかわからない。マムシ抗毒素は毎年製造しているものの、1年で使う毒量は決して多くはないので、その利益はせいぜい研究員1人の月給を賄（まかな）う程度だ。もちろん血清がジャンジャン消費されるような事態は望んでいないのだが。

結局のところスネークセンターの来場者を増やすための様々な努力に励まざるを得ない。このように苦労は多いが、社会貢献をしている自負はあり、限られた分野ではあるが不可欠な存在だと思っている。沢井博士をはじめとする先人の業績を無駄にしないためにも、蛇研とスネークセンターの存在意義を高めていきたい。

出血は「咬まれた箇所」とは限らない

我々の身の上話はこのあたりで切り上げ、ヘビ毒の解説に移らせていただく。

一般的にヒトが毒ヘビに咬まれると、毒は皮下や筋肉に注入され、リンパ液に運ばれて拡散し、徐々に血液中に入り込んで全身に広がっていく。

毒には何種類もの酵素（タンパク質）が含まれていて、様々な作用を示す。血管を壊して出血を引き起こす成分が多く含まれていると「出血毒」と呼ばれるが、それ以外の因子も多く含まれている。コブラ類のヘビ毒は麻痺（まひ）を引き起こす「神経毒」として知られるが、壊死（えし）を起こしたり血液に作用したりする成分も含む。

専門書ではヘビ毒の作用を大きく3グループに分けている。「出血毒」「神経毒」、そして「カルディオトキシン（Cardiotoxin）」で、心臓などの循環器に作用することから日本語では「心臓毒」もしくは「循環障害毒」と呼ばれる。

ただしこれらはあくまでも大まかな分類で、ヘビ毒は必ずといっていいほど別の作用を引き起こす成分を含んでいるので、咬まれたヒトは複合的な病態となることが多い。さらにいえば、3つのグループに当てはまらないような毒成分もある。また、咬まれた際に注入された毒量や、咬まれた部位等によって、症状の現われ方が異なる場合がある。

ここでは専門書に沿って、出血毒と神経毒を中心に説明し、さらにカルディオトキシンなどの別の作用について補足することにしよう。

ハブやマムシ、ガラガラヘビなどのクサリヘビ科のヘビ毒は概ね「出血毒グループ」に分類される。しかし〝どこで出血するか〟の違いはある。

ニホンマムシの毒には出血作用を持つ「ＨＲ１」と「ＨＲ２」という因子が含まれている。マウスの静脈に投与するとＨＲ１は消化管に、ＨＲ２は皮下や筋肉に出血を起こす。

「咬まれて出血」というと、切り傷や刺し傷のようにその箇所からの出血を想像するかもしれないが、実際のマムシ咬傷では咬まれた部位に腫れは起きるが、出血はあまり見られない。しかし毒が全身に回って重症化すると、しばしば消化管に出血が確認される。

ニホンマムシの毒には筋肉細胞を壊す作用があり、壊れた筋細胞の成分が血液中に出てくる。それが腎臓を経由して排出されるため尿が褐色になる。しかも腎臓の細い血管で詰まりやすいので、腎臓の組織に十分な血液が回らなくなり、急性腎不全を引き起こす原因となる。ちなみに同じクサリヘビ科のハブ咬傷では、ニホンマムシ咬傷に比べて急性腎不全はあまり起きない。世界中に分布しているクサリヘビ科のヘビ毒は、総じて赤血球を破壊（溶血）する作用を持つ。マムシ咬傷の重症患者は赤血球の減少が顕著である。

一般的に皮下や筋肉に注入されるヘビ毒だが、マムシの牙は先端が細いため、ヒトの薄い皮膚を突き抜けて、まれに血管に直接毒が入る。血管に直接毒が入ると、ダイレクトに血液や血管に作用し、血圧が急激に下がって気を失うことがある。さらには血小板の凝集作用が強く働くため、血液中から血小板が減少する。出血を止めるはたらきを持つ血小板が顕著に減少すると、体の様々な箇所で出血を起こすのである。

ライオンも命を落とす「神経毒」の恐怖

コブラ科の毒は神経毒を含むのが特徴だが、やはりその作用は一様ではない。「○○コブラ」と名の付くヘビやウミヘビの神経毒は、ヒトの末梢(まっしょう)神経の筋接合部に結合して刺激の伝達を阻害する。そのため筋肉を動かす指令が届かなくなり、麻痺を引き起こす。呼吸をするための筋肉である横隔膜(おうかくまく)にも結合するため、呼吸ができなくなるケースもある。出血毒よりも吸収・拡散が早いのが特徴で、作用（麻痺）が短時間で現われる。呼吸麻痺により咬まれてから数時間で死に至ることもあるほどだ。

神経毒の強弱は、神経への「結合力」の大小といえるだろう。人工呼吸を続ければ、少し時間はかかるものの自発呼吸の機能が回復してくるタイプもあり、そのような神経毒では、毒が神経から離れるのを少し早める薬剤が効果を発揮する。しかし結合が強い毒成分だと、約1ヶ月間にもわたって人工呼吸が必要になることもある（もちろん死亡してしまうケースもある）。さらには神経細胞そのものを壊す作用もあるため、神経の後遺症が残る場合もある。

ブラックマンバ。強力な神経毒を持ち、世界で最も恐れられる毒ヘビのひとつ。神経質で臆病な性格とされ、ヒトを積極的に襲うことは少ない

先に「出血毒グループ」で例示したニホンマムシだが、その毒にも少量ながら神経毒が含まれる。そのため毒の注入量が多いと眼を動かす神経に作用して物が二重に見えるような症状を引き起こすが、重篤化するケースは少ない。だが、中国や朝鮮半島に分布するタンビマムシは神経毒の成分を多く含むため、呼吸麻痺が死亡原因となることがある。かつて生きたタンビマムシは漢方薬やマムシ酒の原料として輸入されていた。過去には東京の漢方薬店でタンビマムシに咬まれる事故が発生し、2ヶ月もの間、人工呼吸を必要とした例もある。この

患者は急性腎不全も起こしていた。

アフリカのサバンナに生息し、強力な毒で知られるブラックマンバの神経毒は特殊だ。刺激の伝達を阻害するのではなく、逆に神経伝達物質を大量に放出させるのだ。その作用を引き起こす成分デンドロトキシンは、マンバの学名（Dendroaspis polylepis）に由来している。咬まれてからしばらく時間が経過すると神経伝達物質が枯渇し、刺激を伝えられなくなるため麻痺状態となる。

自然ドキュメンタリー番組の放映で有名な『ナショナルジオグラフィック』のウェブサイトではブラックマンバに咬まれたライオンが痙攣を起こしている映像が見られるが、デンドロトキシンの典型的な作用である。体重200kgを超える〝百獣の王〟でさえ、ブラックマンバに咬まれればなすすべもなく死を迎える。「世界の4大毒ヘビ」の筆頭に挙げられるブラックマンバの恐ろしさが伝わってくる。

出血が止まらなくなるヤマカガシの毒

血液の凝固作用を引き起こすヘビ毒も多い。被害例は非常に少ないものの、日本ではヤマカガシ咬傷の症状として出血が知られる。これが「出血毒」かというと、少し違う。

ヤマカガシの毒には血管や組織を壊す作用はなく、痛みや腫れも起こさないが、強力な血液凝固作用を示す。血管内で血液を凝固させて血栓を作ってしまうのだ。その結果、体のいろいろな部位から出血が止まらない状態になる。咬まれても痛みや腫れを感じないので放置していたところ、数時間後に歯茎や古傷などからの出血に気が付いて病院に駆け込むケースが多かった。

〝血液凝固作用があるなら、逆に出血が収まるのではないか〟と思われるかもしれないが、〝止血するための因子が過剰に消費されて顕著に減少する〟というメカニズムである。特に歯茎には細い血管が多いため出血しやすい。進行すると皮下出血（身体の各所が紫色に変色）や肺出血、消化管出血を起こし、吐血や下血として症状が現われる。そして脳内出血を起こすと止血が困難になり、死亡原因にもなる。

血液凝固作用を持つヘビ毒は数多いが、ほとんどが腫れや痛みを伴うのに対し、ヤマカガシ毒はそのような症状を示さない珍しいヘビ毒である。

以降は駆け足になるが、独特な作用を引き起こす毒を見ていく。

サイトトキシンは「細胞毒素」と呼ばれ、細胞の活動を止めたり細胞を破壊したりする。コブラ咬傷では神経毒による麻痺に加えて、細胞破壊で皮膚の壊死を伴うことも多い。細胞破壊によって細胞内のカリウムが大量に漏れていくと血中のカリウム濃度が異常に高くなり、心不全を引き起こすこともある。ニホンマムシ咬傷で2〜3日で死亡した事例でも、カリウム値が異常に高くなっていたとの報告がある。

ヘビ毒の3分類に数えられるカルディオトキシンはコブラ類の毒に含まれる。これは心臓毒素と呼ばれ、文字通りダイレクトに心筋に作用して動きを止める。コブラ科の毒に神経毒が含まれることは前述したが、咬傷で毒量が多く入った場合には心不全を引き起こすことがある。

このようにヘビ毒には様々な成分が含まれており、その咬傷の病態は非常に複雑だ。ヒトが毒ヘビに咬まれた際の治療には、「どんな種類の毒か」の判別が重要だが、「咬んだのは○○ヘビだから神経毒（出血毒）だ」とは、即座に断定できないのである。

「ウマの献身」で製造される抗毒素（血清）

なぜ研究者たちは詳細にヘビ毒を解析し、分類するのか。生物学的な研究目的も当然あるにせよ、やはり目的は「ヒトが咬まれた場合の治療法を探るため」である。仮にヒトを咬まない動物だとしたら、ここまで研究は進んでいないだろう。

毒ヘビに咬まれた時に用いる治療薬は一般的に「血清」と呼ばれるが、厳密には血清とは「血液の液体成分（赤血球などを除いた成分）」を指し、治療薬としては「抗毒素」あるいは「抗毒素血清」と呼ばれる。そして抗毒素を用いた治療が「血清療法」である。本書では執筆担当者によって「血清」も「抗毒素（血清）」も用いているが、読み進めるうえでは同じものとご理解いただいて差し支えない。

血液中には異物や病原体を抑える抗体があるため、我々ヒトを含めた動物は病原体などに感染しにくい。

インフルエンザなどのワクチンは、毒性を抑えたウイルスを投与することでウイルスを撃退する抗体を体内に作らせ、体を守る。毒ヘビの抗毒素の場合は、薬品で作用を低減した毒を何度も動物（多くはウマ）に注射し、抗体を作らせる。その後、採血したウマの血液から抗体を取り出すという製造工程となる。

かつては全採血、すなわち血液をすべて取り出していたので、ウマは死んでしまっていた。それを避けるために近年では一定量の血液を数度に分けて採血する方法（部分採血）になっている。その後、ウマは介護施設のような場所で飼育される。ヒトの命を救うために身体を貸してくれたウマには安寧（あんねい）の余生を送ってほしいし、動物愛護の観点からも望ましい変化であるが、ウマの寿命は25～30年と比較的長い。看取るまでには、かなりの費用がかかるため、抗毒素の価格上昇にもつながっている。

抗毒素の投与はヘビ毒に限った治療法ではない。最近では日本国内に広がったセアカゴケグモや沖縄などの海に棲むハブクラゲの毒に対する抗毒素もある。しかし、すべての有毒生物に対して抗毒素を作ることができるわけではない。フグやハチの毒は分子量が小さいため、抗毒素の製造が困難なのである。

毒ヘビの種類によって含まれる成分が異なるため、1種類の抗毒素ですべてのヘビ毒に対応することはできない。だからといってヘビ毒の種類だけ抗毒素を製造するわけにもいかない。たとえば重症化することがほとんどないヘビ毒であれば、需給バランスの兼ね合いで抗毒素は製造されない。ヒトが咬まれると死亡もしくは重症で、かつ被害がある程度多い毒ヘビだけだ。

ただし暗闇や草むらなどで咬まれた場合、どの種類かがわからない場合もある。そのため危険な毒ヘビが何種類も生息する地域では、それぞれの抗体を混ぜた多価血清（混合血清）が用意されている。

初期の抗毒素は液状だったため、冷蔵保存が必要で、保存期間も短かった。現在は凍結乾燥（フリーズドライ）が主流となり、日本製の抗毒素の有効期間は約10年に延びた（ただし、他の国では凍結乾燥品であっても有効期限は5年程度である）。

凍結乾燥の抗毒素は使用時に簡単に溶解できないという欠点があったが、ある試薬を加えると短時間で溶解できるようになった。その方法を考案したのは、本書にたびたび登場してきた〝蛇研の父〟ともいうべき沢井博士なのである。

マムシ咬傷による死亡例が続くのはなぜ？

抗毒素はあくまで毒を中和するはたらきであり、組織の損傷を治す薬ではない。毒が回って患部の壊死や急性腎不全に至った場合は、それらに対する治療も必要となる。抗毒素の効き目もさることながら、どれだけ迅速に投与できるかが重要になる。

実は現在、ハブ咬傷で死亡するケースはほとんどなく、患者の重症化もまれである。交通の便が良くなり、病院まで短時間で行くことができるようになったため、咬傷から時間をおかずに治療できる環境が整ってきたからだ。

マムシ咬傷による死亡例も減少傾向にあるものの、それでも毎年数名が亡くなり、重症化する人は依然として多いと推測される。抗毒素が適切に使われていないことが理由と考えられる。

夜間に咬まれた場合にマムシかどうかの判別が難しい。また、咬まれても短時間で重症化するかどうか、それが抗毒素を必要とする症例かどうかの診断が難しく、経過観察をしている間に症状が進行してしまうケースが見られる。

投与方法の問題もある。抗毒素の使用説明書には、「皮下」「筋肉内」「静脈への注射」「点滴による静脈注射」のどれでもOKと書かれている。しかし、抗体の分子は大きいので、皮下や筋肉内の注射では吸収（血液内に移行すること）に時間がかかり、血液中の抗体量が十分に上がらない。

最近では抗毒素に関する知見が広まり、ほとんど点滴による静脈注射が採用されるようになったが、1990年頃まではアナフィラキシーの問題もあり、「まずは経過観察」とされ、症状が悪化してようやく抗毒素を投与するケースが多かった。しかも皮下や筋肉内への投与が多かったので、結果的に抗毒素の効果が十分に発揮されない。〝抗毒素はあまり効かない〟と勘違いしている医師も少なくなかった。

ちなみにコブラ科の神経毒は一般的に分子量が小さく、主に出血毒を含むハブやマムシなどのクサリヘビ科の毒は一般的に分子量が大きい。ただし大きいからといってヒトの身体に毒が回るのが遅いとは限らない。ほとんどのヘビ毒にはヒアルロニダーゼという酵素が含まれ、それが細胞の隙間を広げ、物質（毒）の吸収を早めている。

ヤマカガシ咬傷では、毒が入っても痛みや腫れを伴わないことは先述した。そのため、迅速な診断が難しく、何時間も経過してからようやく抗毒素が投与されるケースもある。ただしヤマカガシの毒はヒトの血液に作用する性質（血液凝固作用）なので、ある程度の時間が経過しても、血管内に抗毒素を投与すれば毒は短時間で中和されていく。よって他の治療がほとんど必要なく、数日で退院できる患者が多い。ただし急性腎不全を引き起こせば血液透析などが必要になり、治療に時間を要する。

抗毒素がない、抗毒素を買えない世界の国々

海外にも目を向けてみると、東南アジア、アフリカ、中南米には強力な毒を持ったヘビが多い。当然、被害も日本とはケタ外れだ。そうした地域でも抗毒素を製造しており、製造していない（製造できない）国でも、輸入で賄っている。

だが、開発途上国の農村地帯や山間部では、医療機関までの交通の便が悪いエリアが多い。そのため治療をすぐに受けられず、最悪の場合はなすすべもなく死に至ってしまう。

私（堺）がヘビの研究を始めた約40年前は、そのような地域では薬草による治療や、〝咬み傷に当てると毒を吸い出してくれる〟という〝スネークストーン〟まで使われていた。

ジャングルで生活している人にとってはそれが〝普通の治療〟なのかもしれない。現在でもそのような治療が行なわれている。しかし毒の強いヘビに咬まれれば、そうした民間療法では救命できない。

2023年、インドの学校で女子学生がコブラ（おそらくインドコブラ）に咬まれて亡くなる事故が発生した。詳細な状況は把握していないものの、僻地（へきち）で救命治療の環境が整っていなかった可能性が推測される。

伝統的治療師（バングラデシュ）のデモンストレーション。薬草などを使った治療を行なう。撮影はジャーナリストMs. Majda Slamova（2020年）

コブラの神経毒は作用が早く、数時間で呼吸麻痺を起こすことがある。その場合はとにかく人工呼吸器のある病院に運ばなければ助からない。運良く病院に人工呼吸器があったとしても、筋肉の麻痺が続いていると、抗毒素を投与しても神経に付着した毒はなかなか中和されない。コブラ科のアマガサヘビ類による咬傷では、毒が神経から離れるまで、1〜2ヶ月も人工呼吸器につながれる場合がある。

　抗毒素は高価なため、常備していない病院も多い。その場合は患者の家族や関係者が個人負担で抗毒素を購入し、病院へ届けなければならない。医療保険制度が整備されていない国では金銭的なハードルが極めて高い。もっとも、お金さえ払えば入手できるならマシなのかもしれない。

　日本でも抗毒素の価格は上昇傾向にある。2000年頃にはマムシの抗毒素は1本約1万7000円、ハブの抗毒素は約3万8000円だ

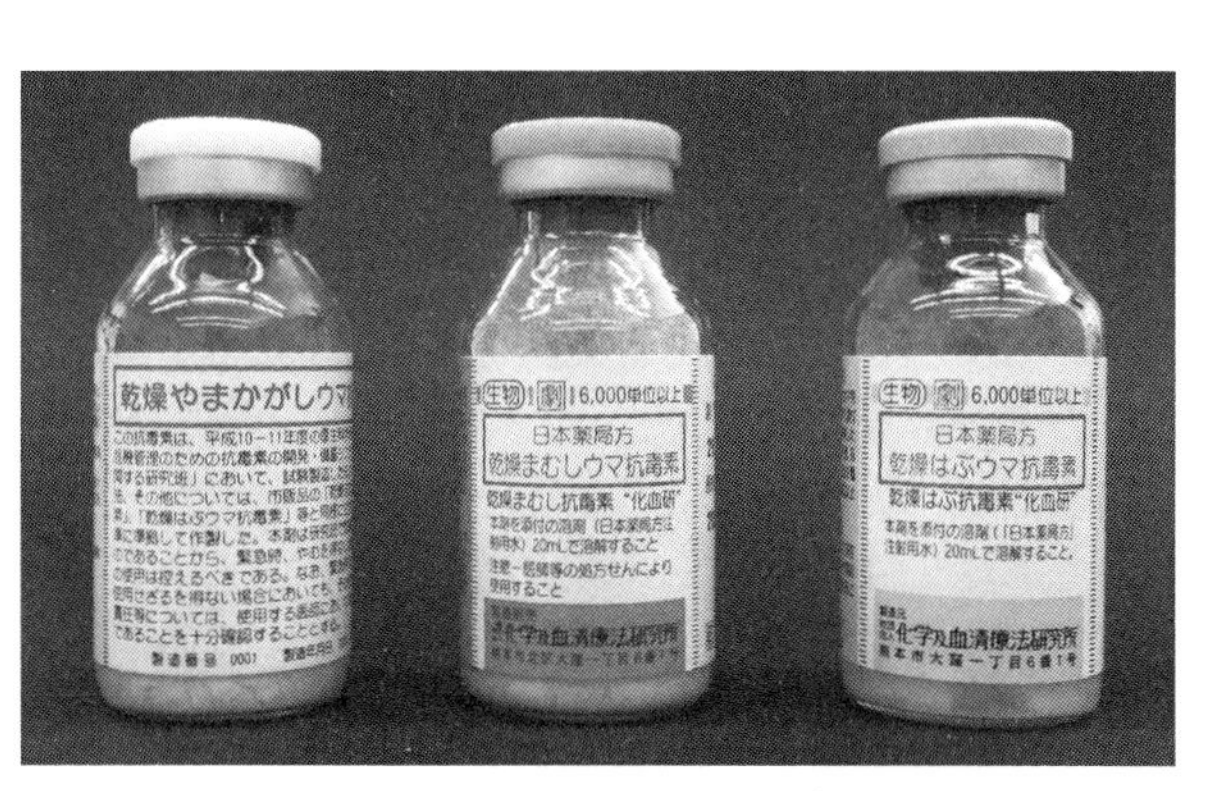

凍結乾燥され瓶に詰められた抗毒素。右からハブ用、マムシ用、ヤマカガシ用

ったが、徐々に価格が上がり、現在ではそれぞれ約9万円、24万円になっている。それでも日本では医療保険が適用され、ハブの抗毒素は自治体が購入・備蓄している。世界的に見ればかなり恵まれた環境といえる。

ちなみに日本ではマムシの治療で抗毒素1本、ハブの治療では1〜3本の投与で治療可能というケースが多い。コブラのような強毒のヘビ咬傷では、初期治療で5本以上投与されることもある。

世界を見渡すと、そもそも抗毒素があるかどうかも不明で、仮にあっても医療資源的あるいは金銭的に投与できないような国・地域は非常に多い。そうした地域にこそ多くの毒ヘビがいるのだから、犠牲者を減らすアプローチは実に難しい。

ベトナムの2歳少女を救えなかった

治療環境に恵まれている日本でも、抗毒素の製造に関しては大きな問題を抱えている。免疫するためにはヘビ毒の継続的な採取が必要で、特定動物の飼育許可を得たうえで、相当数の毒ヘビを飼育し続けなければならない。だが、飼育スペースの確保や餌の確保、空調施設などの出費は膨大で、「採毒するためだけの施設」を維持するのは全く採算が合わない。

また、現在では資格を持った動物管理責任者が必要となる。１９９９年に動物愛護法（動物の愛護及び管理に関する法律）が大幅に改正され、取扱業者として届け出たうえで、5年ごとに飼育施設の許可を更新することになった。特定動物（毒ヘビや一部のニシキヘビやボア類）の飼育許可に関しても、やはり5年ごとの更新があり、そのたびに費用もかかる。単にケージに入れておけばよいわけではなく、飲み水の交換、汚れたケージの清掃、給餌など、管理にも細心の注意を要する。採毒には危険が伴うので、毒ヘビの扱いにはかなりの訓練が必要だ。

スネークセンターではマムシとハブを飼育し、定期的に採毒をしている。採算としてはかなり厳しいので、毒ヘビの展示を行ない、来園者向けのイベントとして「採毒ショー」などを実施している。

マムシ咬傷は年間３０００件超発生していると推測され、毎年数人が死亡している。統計的に明らかになっていないものの、重症例もかなりあると考えられ、郊外では身近な問

ハブからの採毒。毒は液体なので、凍結乾燥して粉状にすることで、長期保存に耐えられるようになる

題である。

ハブ咬傷は年間70件ほどと減少傾向にある。被害者が少なくなったのは喜ばしいが、皮肉なことに抗毒素の需要の減少につながっている。マムシ抗毒素は毎年３０００本ほど製造されているのに対し、ハブ抗毒素の製造は3年ごとに数百本程度である。抗毒素を作るためだけに多くのハブを飼育し続けることはできない。また、製造技術の継承という意味でも、3年ごとの製造スパンは問題となってくる。

事業としての抗毒素の製造は、需給バランスで成り立っている。咬傷患者が多い熱帯地方とは異なる難題を日本では抱えている。スネークセンターだけで解決できる問題でないことは明らかだ。

スネークセンターではヤマカガシ抗毒素の製造に必要な毒の供給を行なうなど、抗毒素製造における重要な役割を担っている。ただしヤマカガシ咬傷は年間十例程度と推定されており、その多くは無毒咬傷（咬まれても毒が体内に入らない）なので、抗毒素が必要になる重症例は年に1、2例しかない。しかし重症例も死亡例もある以上、抗毒素を用意しないわけにはいかない。公的な研究補助金で何とか対応しているのが実情である。

ヤマカガシの仲間はアジアに広く分布していて、毒の作用も概ね共通していると考えられる。ただし毒性を伴う咬傷例は極めて少ないので、日本以外の国では抗毒素を製造していない。

それでもまれにヤマカガシ類による重症例が起きる。その際に「日本のヤマカガシ抗毒素を緊急に入手したい」という連絡がスネークセンターに来ることがある。しかしながらヤマカガシ抗毒素は承認薬ではないので、基本的には断わらざるを得ない。

2021年には悲しい出来事があった。ベトナムの病院から「2歳女児がヤマカガシ類に咬まれて重症になった。抗毒素が欲しい」と電話を受けた。我々としても幼い命を救いたい。各種手続きを慎重に確認したうえで、「抗毒素研究班による人道的支援」として発送準備を進めた。ところがベトナム政府による輸入許可が下りず、その子は亡くなってしまったのである。ちなみに、ベトナムでは同じ年にもう1例の死亡例があったという。

現在スネークセンターでは、約25年ぶりとなる新たなヤマカガシ抗毒素の製造に取り組んでいるが、投与を必要とする重症患者が滅多に出ないため、治験（臨床試験）を行なうことはできない。抗毒素の製造には様々な問題が複雑に絡み合っていることを少しでも理解いただければと思う。

毒ヘビの犠牲者を減らすための取り組み

WHO（世界保健機関）の推計によると、世界中で毎年約540万人が毒ヘビに咬まれている。うち180万〜270万人が何らかの症状を発症し、8万〜13万人が命を落としている。また約40万人が四肢の切断や腎不全などの障害を伴う状態になる。その大半はアフリカ、アジア、ラテンアメリカの農村部や山間部に暮らす人々であるという。その背景にはどんな事情があるのだろうか。

血清療法は毒蛇咬傷に対して非常に効果的だが、そうした地域の人々にとっては非常に高価な薬品である。入手自体が極めて困難なのだ。

医療インフラの脆弱さも大きな理由といえる。被害者の多くは農村部や山間部に居住しているため、適時に医療機関を受診することが難しい。被害が多い地域には複数種の毒ヘビが生息しているため、異なる抗毒素が必要となるが、医療機関が用意しておく抗毒素には限界がある。また、抗毒素さえあれば救命できるというわけではない。人工呼吸器や人工透析器など、重症例に対応するための高度医療機器が整った医療施設の数、あるいはそこまでのアクセスも限られている。

医学的・科学的根拠のない治療法に依存しているという問題もある。日本でも「毒ヘビに咬まれても小便をかけておけば治る」と本気で信じていた者がいた時代があるが、アフリカやアジアの僻地では、依然として祈禱(きとう)などが咬傷の初期対応になっている地域がある。一種の文化的・宗教的背景もあるのだろうが、そうした〝民間療法〟が適切な医療処置の遅延につながっている側面もある。

近年、そうした状況を変えていく取り組みが始まった。

2017年、WHOは毒蛇咬傷を〈顧みられない熱帯病（Neglected Tropical Diseases＝NTDs）〉のひとつに分類した。

NTDs（エヌティーディーズと読む）とは、WHOが定めた21の熱帯病の総称で、主に熱帯地域の貧困層を中心に、約16億人が罹患リスクに晒されている疾病である。劣悪な衛生環境や貧困が原因で蔓延し、労働力や生産性の低下をもたらし、重度の身体障害や死に至るケースも少なくない。経済成長の阻害にもつながる課題で、国際的な対策が求められている。毒蛇咬傷がこのリストに加わったことで、国際機関や各国政府、NGOなどからの援助が行きわたるようになり、徐々にではあるが資金的な問題が改善に向かっている。

ヘビ毒対策に「ワンヘルスアプローチ」が採用されるようになったことも大きな変化といえる。ワンヘルスアプローチとは、「人間、動物、環境の健康が相互に関連している」という考え方で、毒蛇咬傷の場合は、人間の健康（治療）だけでなく、ヘビの生態や環境保全も考慮した総合的な解決策を目指していく。

それによって、毒ヘビに関する様々なデータや技術が、医学や生物学、環境学といった異なる分野を横断して活用できるようになってきた。

たとえば、既存の抗毒素の改善や次世代抗毒素の開発が急ピッチで進んでいる。遺伝子組み換え抗毒素は、生産の効率化と安全性・効果の向上をもたらすと期待されている。

抗毒素血清は速やかかつ効果的な投与のために点滴静脈注射が基本だが、点滴にはチューブや針などの器具が必要となる。そのデメリットを解消するために経口投与可能な抗毒素の開発も進められている。医療機関から離れた地域でも迅速な治療を可能にし、長期保存も容易になるかもしれない。

毒蛇咬傷を診たことがない医師も多い

次ページに掲載した2枚の写真をご覧いただきたい。

いずれもヘビに咬まれた痕（牙痕（がこん））であるが、片方はマムシ（毒ヘビ）に咬まれた可能性が高く、もう片方はアオダイショウ（無毒ヘビ）に咬まれた可能性が高い。どちらがマムシだろうか。

正解は①だ。

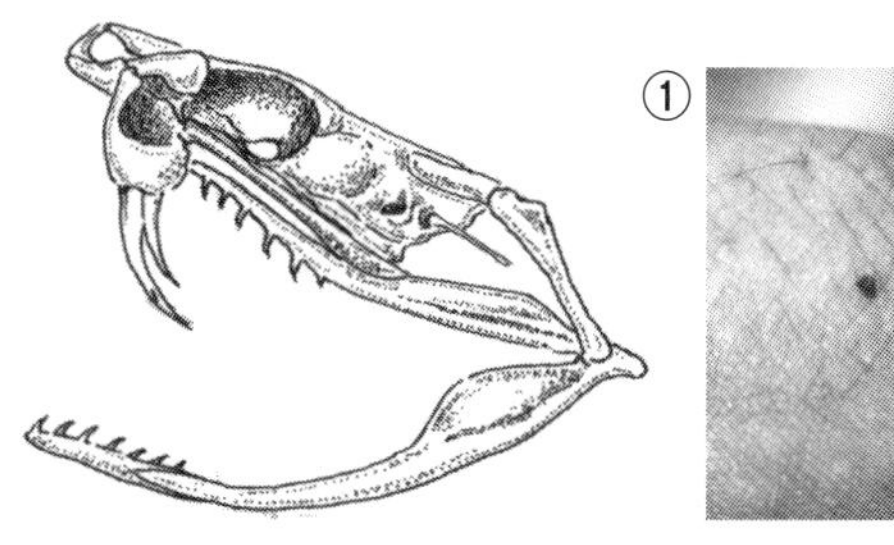
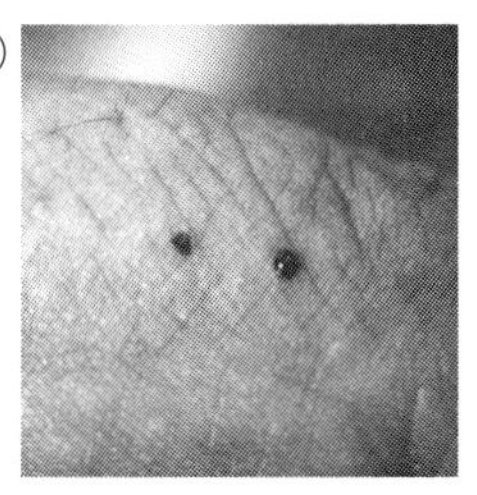

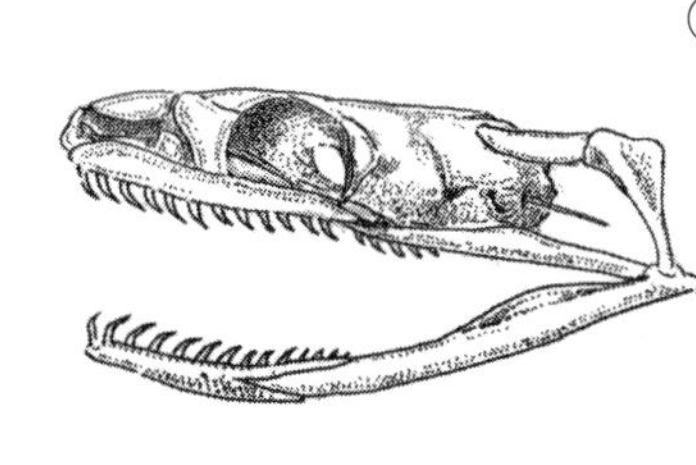
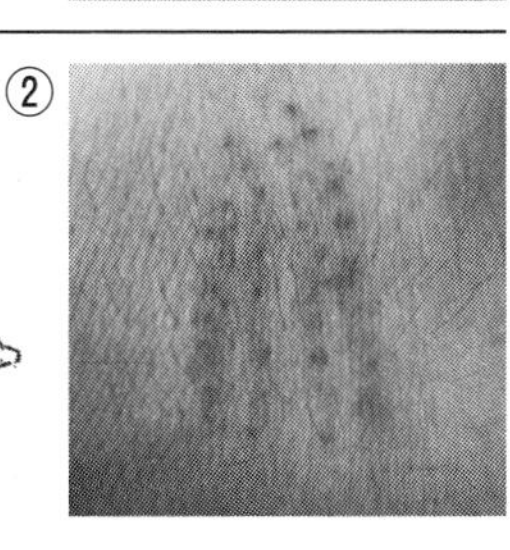

ヘビに咬まれた場合、まずは牙痕から「どんなヘビに咬まれたか」を判断することが重要である（臨床症状や血液検査なども判断材料だが、咬まれて間もない時点では情報を得られない）。また「いつ、どこで、どのような状況で咬まれたのか」など、疫学的な視点からも評価する必要がある。適切な判断には、多角的な視点が求められる。

ヘビによって牙痕のパターンは異なることが多い。マムシに咬まれると、①のような2つの明確な牙痕が残り、アオダイショウでは②のような擦り傷に似た歯形が残ることが一般的である。これは毒牙があるかどうかの違いで、毒が注入されたかどうかの違いもある。

ヘビ咬傷に関連する問題点は、以下の4点に分類できる。

1．咬傷原因の特定と判別の問題
2．初期対応の問題
3．病院へのアクセスの問題
4．治療と管理の問題

ひとつずつ見ていこう。

●咬傷原因の特定と判別の問題

足首などにチクッとした痛みを感じ、何かに咬まれた気がする。しかし「何か」を見ていない場合、すぐに特定するのは難しい。ヘビ以外にもクモ、ムカデ、ダニなども考えられるし、ハチやブヨに刺された可能性も否定できない。夜間に咬まれた場合はとりわけ困難である。咬まれた痕が腫れたり強い痛みが続いたりするとヘビの可能性は高まるが、その種類までは判別できないことがある。

咬まれた人の話も信頼性に欠けることが往々にしてある。「ヤマカガシに咬まれた」という説明が実は思い込みで、実際にはマムシだったケースもある。咬傷部位から採取したDNAを解析する方法も登場したが、現在はまだごく一部の地域でしか用いられていない。様々な可能性を考え、何に咬まれたのかを判断する必要がある。

●初期対応の問題

大して痛くないからと自己判断してしまい、病院に行くのが遅れるケースは多い。毒のないヘビに咬まれたと思い込んでいたら、実は毒ヘビだったということもある。

いずれにしても自己処置は危険だ。傷口を切開したり、駆血帯を強く締めたりする人がいるが、傷口の切開は感染リスクを高め、駆血帯の使用は駆血部位の組織の損傷を引き起こすリスクがある。

咬傷の処置経験がない医師が「虫刺されでしょうね」と誤診したケースもあるようだが、それでも最も適切な対応は、迅速に医療機関を受診することである。ヘビ毒は時間の経過とともに深刻な症状を発症することがあるだけに、不用意な自己処置で時間を無駄にするのは避けるべきだろう。

●病院へのアクセスの問題

マムシは日本各地に分布しているが、都市部で見かけることは滅多にない。だが、農村地帯や河川付近、林など、近くに自然があればどこにでもいる身近なヘビである。

山中でマムシに咬まれたとすると、病院に行けるのは下山してからとなり、当然時間がかかる。幸いにも山の近くに病院があったとして、治療の肝となる抗毒素血清が常備されているとは限らない。そもそも毒ヘビへの対応例のない医療機関では、患者は適切な治療を受けられないことがある。

そうした場合は、マムシ抗毒素を保有する医療機関への速やかな転院が最優先だ。救急車での直接搬送を依頼するか、最初に駆け込んだ医療機関に毒蛇咬傷治療が可能な病院を探してもらい、転院の手配を求める。

繰り返しになるが、毒ヘビによる咬傷は処置が早ければ早いほど、重症化のリスクが減る。登山やキャンプなどに出かける前は、事前に地域の抗毒素保有医療機関の情報を把握しておくことを勧める。

●治療と管理の問題

これらはひとえに医療機関（医師）の経験・知識不足によるものである。沖縄や奄美でハブ咬傷患者を診た病院は珍しくないかもしれないが、九州以北では毒ヘビの治療事例は多くないだろう。

たびたび言及したように、咬んだヘビの判別は我々のような「ヘビ専門の研究員」でも容易ではない。マムシなのかヤマカガシなのか、あるいは他の無毒ヘビなのか……どのヘビに咬まれたかによって処置が異なってくる。各地の病院に「ヘビ咬傷の専門医」がいるわけもなく、咬傷治療経験の少ない医師では判断が難しいのだ。

受診した医療機関に抗毒素があったとしても、その投与に躊躇（ちゅうちょ）が生まれることもある。抗毒素はウマの血清から製造されている。何らかのアレルギー反応のリスクを考慮して、医師が使用をためらうこともあるようだ。

患者の絶対数を考えれば、咬傷治療の知見を高める時間があるなら、医師には他に優先されるべきことが多いのだろう。そうはいってもスネークセンターでは医療関係者向けのセミナー（マムシ・ヤマカガシ対策研修）も実施しているので、そうした情報に触れてもらえるとありがたい。〝knowledge is power（知識は力）〟といわれるように、経験や知識が治療の質に大きく影響することは間違いない。

日本に生息する「最も危険な毒へビ」は？

現在、日本には43種のへビが生息する。そのうちヒトの咬傷被害が報告されている毒へビはニホンマムシ、ヤマカガシ、ツシマママムシ、ハブ、ヒメハブ、トカラハブ、サキシマハブ、マダラウミへビ、クロガシラウミへビ。そして国外外来種のタイワンハブである。ニホンマムシとヤマカガシは九州以北に棲む毒へビで、ツシマママムシは長崎県の対馬列島に生息する。それ以外は沖縄や奄美など南西諸島に生息する毒へビだ。ちなみにヒトの咬傷被害のない毒へビにはヒャン、ハイ、エラブウミへビなどがいる。

この中で「毒が最も強い種」をご存じだろうか。

毒の強さにはＬＤ50（ある物質を動物（多くはマウス）に投与した場合に50％の個体が死亡する量）という基準があり、筆頭格はヤマカガシとウミへビである。ただし、これまで述べてきたとおりヤマカガシの咬傷被害は非常に少ない（ウミへビも同様）。多いのはハブ（年間約70人）とマムシ（年間約３０００人）である。

「毒が強い＝危険な毒へビ」という考え方はあくまでへビ毒を基準とするものだ。ヒトへ

エラブウミヘビ。インドネシア周辺から日本の南西諸島まで分布する。人に対して攻撃することはない

の被害を念頭に置くなら、毒性や攻撃性、生息地域などによって危険度が変わってくる。仮に弱毒であっても、生息地が人の生活圏と重なれば咬まれる危険も増す。様々な要因を総合的に考慮して危険かどうかを判断し、正しく恐れる必要があるといえよう。

それでは日本の毒蛇咬傷について、南西諸島と九州以北に分けて詳しく見ていこう。

ハブ個体数の抑制を巡る試行錯誤

沖縄・奄美地方を代表する毒ヘビは、多くの人の印象どおりハブである。
そのハブに咬まれたらどうなるか。実際に被害に遭った人はその痛みを「金属バットで殴られたような」「灼熱の鉄板を押し当てられたような」などと表現する。想像するだけでも脂汗がにじみ出てくるではないか。

咬まれた瞬間、恐怖で頭は真っ白になって大慌てになる。ただし最初の強烈な痛みはしばらくすると弱まり、代わって患部に〝しびれ〟と〝腫れ〟が広がる。ここで少し冷静さを取り戻せると思いきや、実は恐怖と痛みの第2波はこれからだ。

応急手当を済ませ、病院に担ぎ込まれる頃になると痛みが再び強くなり、絶え間なく続く。その痛みから意識を逸らすために、身体を動かさずにはいられなくなる。痛みに身悶（みもだ）える状態だ。病院で鎮痛薬を投与されても、痛みは一時的に収まるだけですぐにぶり返す。何らかの方法で意識を遮断する以外、痛みから逃れるすべはない。適切な治療によって無事に回復した後も、恐怖を伴うこの痛みは咬まれた人の記憶に焼き付けられるという。

南西諸島では、ハブによる咬傷が古くから生活に深く関わる重大な問題であった。特に徳之島（鹿児島県）は、人口当たりの毒蛇咬傷者数が世界で最も多い地域の一つだった。徳之島や奄美大島には１９０６年に抗毒素血清が導入されるが、それ以前の致死率（死亡者数を咬傷被害者数で割った数字）は、１８９０年に奄美・沖縄で18・5％、奄美に抗毒素血清が導入された1906年でさえ14・8％だった。だが、それ以降の致死率は大幅に減少し、近年はハブに咬まれて亡くなる人はほとんどいない。

致死率の改善は抗毒素血清の開発・導入だけが要因ではない。住民とハブの生活圏の棲み分け、ハブ被害を避けるための啓発活動、インフラ整備による救急搬送の強化、近年ではドクターヘリ導入など、行政、住民、アカデミアが一体となって取り組んだ成果といえる。

〝空振り〟に終わった取り組みもあった。ハブ駆除のために1910年には沖縄で、1979年には奄美大島で、ハブの天敵・マングースを放す方法が導入された。しかしこの作戦はハブ対策には効果がなく、むしろ在来種に対する脅威であることが明らかになる。そして2000年頃からは今度はマングースが駆除されるようになった。マングースにしてみればとんでもない迫害だった。

ハブ咬傷による重症化や死亡のリスクを減らす、あるいは後遺症を軽くする目的で1970年代から2000年代にハブ毒を処理して作ったワクチン（ハブトキソイド）の投与も行なわれた。ピーク時は年間2000人ほどが接種していたが、有効性の検証が難しいため、現在ではストップしている。

試行錯誤を続けながら、住民も巻き込み、行政も資金を投入して問題に立ち向かった結果、状況は劇的に改善したのである。

取り組みの中でも注目すべきは、鹿児島県の「ハブ買い上げ事業」である。捕獲されたハブを一定の価格で行政が買い取る制度で、ハブの個体数を減少させるだけでなく、人間とハブの棲み分けを促進する施策だった。実はこの方法は歴史があり、江戸時代末期に薩摩藩が「ハブ1匹＝玄米1升」で交換したことから始まったといわれる。ハブの買い上げ価格は時代とともに変動しながら、現在は「1匹＝3000円」で年間何万匹ものハブが捕獲されている。

捕獲作業に携わる人たちは咬まれるリスクを冒して個体数抑制に貢献しているわけだが、一方では買い上げ金で建てた「ハブ御殿」と呼ばれる豪邸もあるという。ちなみに『男はつらいよ』シリーズの主人公・車寅次郎には、ハブ獲りでひと儲けを目論んで奄美に旅立つエピソードがある（映画化される前のテレビシリーズ最終回）。寅さんも魅力に感じるほど、ハブの買い上げ制度は有名だったのである。

買い上げが公的制度になったことも関係しているのかもしれないが、ハブ咬傷被害のデータは詳細で興味深く、咬傷時の状況なども記録されている。

近年の患者の属性を見ると、「50代以降の男性」で「手を咬まれるケース」が多い。そして咬傷の多発時期は「6～10月」で、時間帯は「午前中」が多い。この傾向は1970年代からほとんど変化していない。次のような分析ができる。

農作業や庭仕事、さらにはハブ捕獲も含む屋外活動を行なう50代以降の男性が多く、そうした活動中に手で草むらや物陰に触れることが多い。夜行性のハブは夜間気温が24℃前後の6～10月に特に活発になる。夜の活動を終えたハブが休息に入ろうとする午前中に、農作業などで不用意にハブのねぐらに手を突っ込んでしまい、咬まれる被害が特に発生しやすいのだろう。

ヒトも手を出さずば咬まれまい?

九州以北で見られる毒ヘビはニホンマムシ、ツシママムシ、ヤマカガシの3種であるが、対馬に生息するのはツシママムシのみ、北海道にはニホンマムシのみである。

山が多い対馬は、海岸沿いにある人家と山中に棲むツシママムシの生活圏が近いため、住民にとって〝非常に身近なヘビ〟である。年間10名ほどが咬まれるが、ニホンマムシと比較するとやや小さく毒性も弱いため、重症化することはまれである。ただし高齢者では重症化することもある。

都市部を除けば、ニホンマムシも割と身近なヘビの部類だ。農村地帯では農作業時に咬まれることが多く、我々がよく聞く事例は「前日に刈り取ってまとめておいた草を、翌朝になって片付けようとした時」である。田畑から人がいなくなる夜間に動いたマムシは、夜明け前に隠れやすい場所を探す。集められた草は格好の場所だ。それを手で片付けようとしたところをガブリ——というパターンである。水場となる川の付近ではマムシとの遭遇率は高く、河川敷を犬の散歩中に足を咬まれたという報告がしばしばあり、犬が咬まれることもある。

落ち葉の上にいると非常にわかりにくい色彩と模様なので、キノコ狩りや山菜採りの時に手を近づけて咬まれるケースも多い。地面に落ち葉を敷くミョウガ畑も〝定番〟の咬傷場所だが、何に咬まれたか不明のまま病院に行き、そこで初めてマムシだと判明するパタ

ニホンマムシ。九州から北海道まで分布する。日本では最も咬傷被害の多い毒ヘビ

ツシマママムシ。対馬にのみ分布する。以前はニホンマムシと同種とされていたが、1994年に新種記載された。ニホンマムシよりやや細長い

ーンもある。いずれにせよ、自然のあるところにはマムシがいると思ったほうがよい。

夜行性と説明されるものの、春と秋は夜には気温が下がりすぎるため、活動は主に昼間となる。夏には雨が止んだ後は日光浴に出てくることが多い。

気温が高い夏場は日中を避けるので、夕方から夜にかけての咬傷が目立つ。農作業をする時間帯ではないので、庭など敷地内で咬まれるケースが増える。

マムシは全長が60㎝程度と小さいので攻撃距離は短く、全長の半分の30㎝程度しかない。高所に登る力も弱いので、人間が地面に手や指を伸ばして咬まれるケースが大半だ。マムシ側から咬むとすれば足首より下となるが、靴の上から咬まれても体に毒が入ることは滅多にない。夏場に「足を咬まれた」という連絡に女性が目立つのは、おそらく素足を露出するサンダル履きの機会が多いからだと考えられる。

最近では危険生物、有毒生物に興味を持つ子供が増え、夏休みの自由研究などでヘビを捕まえようとして咬まれる事故が毎年起きている。また、この時代に信じられないかもしれないが自らマムシ酒をつくろうとする人がいるらしく、その捕獲中に咬まれたケースも報告される。理由は様々だが、いずれにしても自らマムシに近づこうとする人は多いとい

ヤマカガシ。本州、九州、四国に分布する。人と出会うことが多いヘビであるが、咬傷被害は少ない

うことだ。マムシ咬傷件数が意外と減らない原因のひとつでもある。

　ヤマカガシに咬まれるのも自ら手を出すパターンが大半で、気が付かずに近づいて咬まれることはほとんどない。昔に比べると田畑の用水路がコンクリートになったため、餌となるカエルが減少し、それに合わせてヤマカガシの数も減少傾向にある。

　それでも咬傷事故は発生するが、ヤマカガシの場合は咬まれたからといって体内に毒が入るとは限らない。ヤマカガシの牙は、数秒以上咬み続けて毒を注入する構造だからである。そのため咬んでからなかなか放

さない性質があり、時には数分間咬み続ける。その場合は毒が注入された可能性が高くなる。

「ヤマカガシに咬まれた、どうすればいいのか」という電話は年に10件ほど入るが、咬まれた時間がわずかであれば咬傷箇所に痛みも腫れも出ないため、本当にヤマカガシかどうかも判断できない。「ヘビの頸に赤い斑紋があった」と説明されればヤマカガシだと思われるものの、地域による色彩変異が激しいため、咬まれた場所を含めて判断することになる。

ヤマカガシであることが明らかであっても、牙痕が2㎜ほどの間隔しかない場合は、前歯で咬まれただけの可能性が高く、毒による重症化のリスクはない。

すでに触れたとおり、咬まれても痛みや腫れが出ないのがヤマカガシ毒の厄介な特徴でもある。以前は〝痛くないから大丈夫だ〟と放置し、数時間から1日ほど過ぎてから歯茎や古傷などからの出血に気付いて病院に行ったところ、重症と診断される事例も多かった。

近年はヤマカガシが毒ヘビであることが周知されたこともあり、咬まれてすぐに病院を受診するケースが増えている。血液凝固因子（血液を固める成分）のフィブリノーゲンの値を経時的に測定すれば、早期にヤマカガシ毒が注入されたかどうか診断できる。

1日あたりの死者は全世界で300人

これまで、世界で最も多くヒトを殺してきた生物をご存じだろうか。

第1位は「ヒト」である。ヒトは有史以来、絶えず殺し合いを続けている。核のような大量破壊兵器は一瞬にして数万、数十万人の命を奪う。そんな恐ろしい力を、ヒト以外の生き物は持っていない。

第2位は「蚊」だ。蚊はマラリアやジカ熱など、ヒトの生命に関わる病気を媒介する。ただし正確に言えば人の命を奪うのは当該の病原体であり、蚊は病気を運んでいるに過ぎないので、「蚊がヒトを殺す」という解釈には議論の余地がありそうだ。

そして第3位が「ヘビ」だ。こちらは蚊と違い、「ヒトを殺す能力」を有している。

すでに紹介したデータであるが、WHOの調査によると、世界では年間約180万〜270万件の毒蛇咬傷事例が報告され、年に10万人前後が死亡している。1日あたりに換算すると、約4900〜7400人が毒ヘビに咬まれ、そのうち300人前後が死亡していることになる。

地域別に見るとアジア、アフリカ、中東地域が最も深刻で、年間120万～200万件の咬傷事例と数万人単位の死亡が報告されている。それらの地域で死亡件数が多い背景についてはすでに言及したので、ここからは代表的な世界の危険なヘビの種類や、生態について触れていくことにしよう。

まずはインドで「ビッグ4」と呼ばれる毒ヘビである。

●インドコブラとヘビ使いの「危うい関係」

インドでは「神聖な生き物」として崇拝の対象にもなるインドコブラ。大きなフード（頸部の広がり）と、その背面にあるメガネ模様が特徴だ。日本では「笛を吹くヘビ使いとのコンビ」をイメージする人が多そうだが、ヘビに外耳はないので笛の音は聞こえていない。インドコブラがクネクネ踊っているように見えるのは、ヘビ使いの動きに反応している動作なのだ。

インドコブラは強力な神経毒を持つ危険な毒ヘビである。咬まれると呼吸困難を引き起

インドコブラ。インドを中心に分布するコブラ科の代表的な種。人口の多い地域に分布するので咬傷被害も多い

こし、最悪の場合は死に至る。ヘビ使いたちは毒牙を抜くことで自らが咬まれるのを予防することもあるようだが、牙は抜いても生え替わるので、ヘビ使いたちが犠牲になる咬傷被害は依然として発生している。

インドコブラやタイコブラ、タイワンコブラなどフードコブラ属は神経毒だけではなく、広範囲での皮膚の壊死も引き起こす。抗毒素を投与しても皮膚の壊死までは防ぐことは困難で、植皮による治療が必要になることもある。命が助かっても後遺症に悩まされる患者も数多い。

●ラッセルクサリヘビは銃より怖い？

ラッセルクサリヘビは鎖状の模様が特徴

で、敵を威嚇する時には〝シュー〟と音を出し、ヘビの中では非常に攻撃的な性質とされる。彼らは血液凝固を促進する作用が強い毒を持ち、咬傷患者には脳出血による死亡例も散見される。毒が脳下垂体に作用するケースもあり、ホルモンバランスの乱れを引き起こした結果、男性患者の女性化乳房といった症状も報告されている。

１９８０年代、日本でこの凶暴なラッセルクサリヘビが滋賀県で捨てられる事件が起きて、大騒動になった。犯人の暴力団員は「ヘビが入った木箱に密輸の銃を隠し、銃を手に入れた後に用済みとなってドライアイスで殺して捨てた」という趣旨の供述

ラッセルクサリヘビ。アジアに分布する大型のクサリヘビ。咬傷被害が多く生息地では人々の脅威となっている

をした。攻撃的で強い毒を持つラッセルクサリヘビが近隣にいるかもしれないという状況は、住民にとって大きな恐怖であった。捜索は続けられたが、生きた毒ヘビは発見されなかった。

●インドアマガサヘビは「ジキルとハイド」

インドアマガサヘビは神経毒を持ち、咬傷による致死率が高いが、ラッセルクサリヘビとは対照的におとなしい性格とされる。ただし〝キレたらヤバい〟のが特徴で、「ジキルとハイド」と表現する研究者もいる。

数年前、毒蛇咬傷研究のために訪問したネパールで、咬傷被害に遭った男性に話を聞く機会があった。

「咬まれても痛みや腫れはほとんどないのに、毒が回ると命の危険がある。だから恐ろしい。寝ている間に部屋に侵入したインドアマガサヘビに咬まれたとしても、気付かないかもしれない。実はそうした被害は多いんだ。私は幸いにも助かったが、就寝時には蚊帳(かや)をつっているよ」

彼は咬まれた足首をさすりながら話してくれた。蚊帳で防ぐことができるのだろうか、と思われるかもしれないが、一定の効果はあるといわれている。

インドアマガサヘビの近縁種であるシロオビアマガサヘビによる咬傷は、東京都で2001年に発生した。飼い主は無毒のオオカミヘビだと思い込んでいたらしいが、飼い主の友人が手で持っている時に咬まれ、意識障害を起こしたため、病院からスネークセンターに連絡があり、ヘビの形態と咬傷後の症状からシロオビアマガサヘビと同定された。スネークセンターに保管されているアマガサヘビの抗毒素をパトカーで緊急配送することになり、群馬県警→埼玉県警→警視庁のリレーで輸送が行なわれた。患者は自発呼吸が停止し、体の運動神経がすべて麻痺するという重篤な状態になったが、抗毒素の投与で回復したのである。

●「ノコギリの音」を奏でるカーペットバイパー

カーペットバイパーは非常に攻撃的な性格で、「世界で最もヒトに害を与えてきた毒ヘビ」といわれる。攻撃性や出血毒の強さに加え、生息域が人口の多い地域と重なっているため、咬傷事故の絶対数が多いのである。

日本では、著名な爬虫類学者である千石正一氏が付けた「ノコギリヘビ」という名で知られているかもしれない。危険を感じると鱗同士をこすり合わせて警告音を出し、この音がノコギリで木を挽く音に似ていることに由来している。

ちなみにインドの「ビッグ４」は国境を接するバングラデシュやネパールにも広がっており、ネパールではインドアマガサヘビが多く見られ、バングラデシュではラッセルクサリヘビの被害が増加している。

地球温暖化で咬傷被害増加⁉

●沖縄で発生したタイコブラの逃走事件

タイコブラはその名のとおりタイを含む東南アジア、南アジアに生息し、咬まれると神経毒による呼吸困難を引き起こす。インドコブラと同様、威嚇時に頸部の肋骨を広げて鎌首を持ち上げる。背中には片眼鏡型の模様が現われる。１９９０年代には沖縄県の観光施設の見世物用に輸入されたタイコブラが逃げ出し、日本での定着が危惧されたことがあったが、その後の捕獲調査などによって防がれた（同時期に輸入され、逃げ出したタイワンハブは国外外来種として定着してしまった）。

フィリピンでは、フィリピンコブラとサマールコブラによる被害が多く報告されている。やはりいずれも強力な神経毒を持ち、咬傷患者には迅速な診断と治療が不可欠である。遺伝子検査による新しい診断法の開発が進められており、我々スネークセンターもプロジェクトに協力している。

●「ヘビを食べるヘビ」キングコブラ

南アジアや東南アジアなどに広く生息するキングコブラは「世界最大の毒ヘビ」で、全長は最大5mにも達する。毒性はそれほど強くないが、身体が大きいため一度の咬傷で注入される毒量が多い。そのため現地では「ゾウをも殺すヘビ」として知られている。ただし人里離れた森林などに生息し、ヒトとの接触機会が限られているので咬傷被害は比較的少ない。咬まれるのは主にヘビ使いや研究者など、自らキングコブラに近づいていく人々である。

最近の研究によると、中国に生息するキングコブラの毒は、東南アジアのキングコブラよりも致死性が高いといわれる。生息地域や食性などにより毒の成分は異なり、キングコブラにおいてもその進化や適応の過程で、毒の作用に変異が生じた可能性がある。

キングコブラ。世界最大の毒ヘビで、ヘビを主食とする、スネークセンターでもヘビを餌として与えている

実はキングコブラは生態系において重要な役割を果たしている。主に他のヘビを捕食することから「ヘビを食べるヘビ」として知られ、それが「キング（王様）」の名を冠する由来となった。森林破壊や違法な捕獲などによって各地で個体数が減少し、保護の必要性が高まっている。

●「外国のヤマカガシ被害」が浮き彫りにした課題

東南アジアには、日本のヤマカガシと近縁種であるタイヤマカガシが生息する。ちょっかいを出さなければ咬まれることは滅多にないが、その毒は強力な血液凝固障害を引き起こし、抗毒素血清の投与が唯一の有効な治療法とされている。

スネークセンターでの研究により、日本のヤマカガシの抗毒素血清はタイヤマカガシの毒にもある程度中和効果を示すことが明らかになっている。そのため、タイやベトナムなどから抗毒素血清の提供を求める問い合わせがある。しかし前述のように、ヤマカガシの抗毒素血清は日本国内でも未承認薬であるため、輸送先の政府が使用を認可しないケースがあり、海外での治療に用いられたことはない。ベトナムの幼い女児が命を落としてしまったケースは先述したが、国際的な医薬品規制の複雑さと、希少な抗毒素の開発・承認における課題を浮き彫りにしている。

●疑似餌で待ち伏せるパフアダーの「技」

アフリカでは、ニシアフリカカーペットバイパーとパフアダーが脅威となっている。

ニシアフリカカーペットバイパーは前出のカーペットバイパーの近縁種で、出血毒を持ち、適切な治療を受けなければ命に関わることがある。

アフリカでも抗毒素血清の供給は大きな課題で、スネークセンターは「ベナンでニシアフリカカーペットバイパーの抗毒素血清を製造できないか」と相談を受けたことがある。

パフアダー。アフリカに分布するクサリヘビ亜科の毒ヘビ。太くて短い体型が特徴

とりわけ西アフリカやサハラ砂漠以南には医療機関が少なく、多くの人々が伝統療法に頼っているのが実態で、そもそも高額な抗毒素は貧しい人々には手が届かない。製薬会社は利益優先のため、低価格の抗毒素は製造されず、大手の製薬会社が抗毒素事業から撤退したこともある。アフリカやアジアの僻地では適切な治療がむしろ遠のいている状況ともいえる。

パフアダーはアフリカ大陸の広い範囲に分布し、出血毒を持つ。長い毒牙が特徴で、注入される毒の量も多く、咬まれたらと思うとぞっとする。尻尾や舌を虫のように動かして獲物をおびき寄せる〝待ち伏せ型〟

の捕食者としても知られている。自然界には擬似餌を用いて捕食する動物はそれなりに存在するが、状況に応じて異なる部位を使い分けるパフアダーの〝戦略〟は際立っている。

映画『キル・ビル』を観た方は、アフリカに生息する凶暴な毒ヘビといえば、ブラックマンバを思い浮かべるかもしれない。ただし、ブラックマンバによる被害は比較的少ない。人間の生活エリアから離れた場所に生息し、警戒心が強いので人里に出没することがあまりないからである。それでも2023年にはジンバブエで13人が咬まれ、生き残ったのは1人だけだった。

●人間の命を「救う毒」もある

中南米ではクサリヘビ科のヤジリハブ属が広く分布し、種によって毒の強さは異なるものの総じて気性が荒い。マムシやハブと同様に赤外線を感知する「ピット器官」で獲物や敵を察知し、素早く毒を注入する。主に出血毒を持ち、咬まれると壊死などの後遺症に悩まされることが多い。特にテルシオペロやカイサカ、ジャララカといった種は毒性が非常に強く、中南米では特に恐れられている。

ヤジリハブ属の毒は人間を殺すばかりではなく、人間の命を救うこともあるのは興味深い。強力な血液凝固作用を持つテルシオペロの毒から抗血栓症薬が開発されている。ジャラカの毒からは降圧剤が作られている。

かつてアントニオ猪木が映画撮影で訪れたブラジルでジャララカに咬まれたことがある。スポーツ紙でも「猪木、毒ヘビの凶牙に倒れる」と報じられたのだが、現地の病院に数日入院するだけで回復した。さすが猪木、ヘビ毒までも〝ボンバイエ〟だ。

＊

世界の特徴的な毒ヘビを駆け足で紹介してきた。他にも紹介したい毒ヘビは数多くいるのだが、このまま続けていくと図鑑になってしまうので、このあたりで本章を切り上げよう。

地球温暖化などの気候変動により、ヘビ咬傷が増加する可能性が示唆されている。世界的な気温上昇でヘビの活動範囲が拡大し、人間との接触機会が増えていくからだ。異常気象による洪水や干ばつで、ヘビの生息地が変化していくことも考えられる。

抗毒素の研究・開発が進んでも、毒ヘビに対する不安は膨らんでいくばかりだ。

第二章

それでもやっぱりヘビが好き

ヘビの飼育はトラブルと隣り合わせ

2021年に神奈川・横浜で発生した「ニシキヘビ脱走（逸走）事件」を覚えている方は多いのではないか。一般の爬虫類飼育者が起こした大騒動だ。

特定動物であるアミメニシキヘビは、管轄の都道府県知事または政令指定都市の長の飼育許可を得て、認可を受けた飼養施設で鍵をかけて飼うことが義務付けられている。しかし、この事件は許可を得ていないケージで管理されていたうえ、あろうことか部屋の窓が開いていた状態で生体から目を離していた。

杜撰（ずさん）な飼育管理をしていた飼い主の責任は言わずもがなだが、事件のセンセーショナルな報じられ方と大衆がヘビに抱くイメージが相まって、必要以上に悪目立ちしてしまった。テレビやネットニュースなどでは、ヘビの「大きさ」と「危険性」ばかりが強調され、飼育の安全対策やヘビの生態面についてはほとんど扱われなかった。

騒動を受けてスネークセンターも何社かのメディアの取材を受けたが、危険性や不安を説明する部分だけが誇張され、本当に伝えたかった周辺住民の方々への安全対策や、アミ

アミメニシキヘビ。オオアナコンダと並ぶ、世界最大級の大蛇。10mに達する個体も確認されている

メニシキヘビとはどういうヘビなのかの解説はほとんどカットされていた。残念ながらこの事件の後にヘビはもちろんのこと、爬虫類への風当たりが一層強まったように感じる。

脱走したアミメニシキヘビは「全長3・5m、体重10kg」と報じられることが多かったが、捜索や捕獲に参加した関係者によると、実寸は約3m程度だったと聞いている。細かいことにこだわっているように思われるかもしれないが、2mを超えるヘビの場合、50cmの違いは大きい。危険性や捕食される動物のサイズを判断するうえで、実は非常に重要な情報である。正確に情報が伝わっていれば、周囲の恐怖心はもう少し抑えられていたように思う。

スネークセンターの研究員もアミメニシキヘビに関する情報提供や、非公開ボランティアとして捜索活動に携わりはしたが、当初から関係者の間で指摘されていた「屋根裏の捜索」が、なぜもっと早く実現しなかったのかは疑問だ。

この事件以降、スネークセンターとしても何度か逸走事件や無断飼育の解決に協力する機会があったが、我々が関わる先は警察または自治体のみとし、メディアへの情報提供や取材などは基本的にお断わりしている。

好むと好まざるとに関わらず、ヘビと人間は隣り合わせの世界に棲んでいる。嫌われ者のヘビではあるが、知ってみると案外可愛い奴らだ。ここからはヘビと人間の理想的な交わりについて述べていこうと思う。

本書を手に取ってくださった方の中には、現在進行形でヘビを飼育している人もいるかもしれない。すでに「自分流のヘビとの向き合い方」をお持ちかと思うが、まずヘビの飼育をするうえでの心構えから説明したい。

ヘビをペットにしようと考えた時、イヌやネコ、インコ、ウサギ、ハムスターなどと接するようなスキンシップ、あるいは軽度のコミュニケーションを求めてはいけない。飼い主がヘビをどんなに可愛がったとしても、ヘビは飼い主に好意を示すことはないし、どんなに快適な環境と良質な餌を与えたとしても、ちょっとした隙間があれば逃げ出してしまう。ヘビとはそういう動物なのである。

ペットにするなら、「適度な距離感と適切な管理」が必要だ。

ヘビにとっての「適度な距離感」を簡単にまとめると、2〜3日に1回程度の水替え、週1回程度の給餌、同じく週1回程度の清掃および触れ合いである。すべて合わせても、ヘビと接するのは週に1〜2時間が適当だろう。

ヘビが健康に暮らせる環境を整えるとともに、必ず飼い主が行なうべきこととして「脱走対策」がある。ヘビは動物界では屈指の脱走名手だ。体の長さや太さがどうあれ、頭を通せる隙間さえあれば大抵のヘビが脱走できてしまう。爬虫類専用ケージであっても、暖房のための電源コードを通す隙間から脱走したり、扉を閉めるのが少し甘かったというだけですり抜けたりする。実際に、年に数十件単位で屋外逸走の事例がある。屋内での脱走を合わせれば、年間で数百〜千件単位にのぼるだろう。

ヘビの脱走事件に関連して、直接的に人に怪我を負わせるようなケースはほとんどないものの、世間的なイメージが良いとはいえない動物ゆえに、ご近所トラブルに発展したり、賃貸物件から退去を求められたりすることがある。外国産のヘビが屋外に脱走した場合、日本国内の自然環境下で暮らす生き物に大きな影響が出る可能性がある。法律が関わる部分もあるので、後ほど詳しく解説する。

「シェルター」の設営はヘビ飼育の基本

飼育に際して「これだけ押さえておけば大丈夫」という完璧なマニュアルはないが、肝となるテクニックは存在する。それは「温度管理」だ。

適温が25～28℃のヘビを飼う場合、室温を25℃に設定したり、あるいはヘビのケージ内に設置した温度計が25℃になるように空調を調整したりする。しかし室温はあくまで参考値でしかないし、ケージ内に設置した温度計が28℃だったとしても、それがケージのガラス面の温度ではあまり意味がない。ヘビ自体の体表温度や、ヘビが過ごしている地表や樹上、あるいは地中の温度が適切な温度になっているかが大切だ。室内が25℃であっても、ケージ内の底面温度が20℃という状態は珍しくない。

変温動物を飼う時の環境温度設定は、みなさんが考えているよりはるかにシビアだ。飼育を始めるにあたって、初期費用を抑えたがる方は多いが、初心者であればあるほど、ヘビを迎え入れる準備にはお金をかけてほしい。広めのケージを用意したうえでシェルター(隠れ家)、水入れ、床材、温度、地表の勾配など、様々な環境を調整できるように設定し、そこから何ヶ月か様子を見ながら必要なものを絞っていく。それがミスなく飼育できる方法だと思う。どうしても初期投資を抑えたいのであれば、ヘビに関する生物学的な勉強をみっちりすべきだ。

投資はメリットを、削減はリスクを生む。何においても共通する基本的な考え方であるが、ヘビを飼育するにあたって特に大切なことである。


ヘビが落ち着く場所は、「体がすっぽりと収まる薄暗い場所」である。ヘビを死なせないようにするだけならシェルターは不要かもしれないが、何もない荒野でポツンと暮らす自然界のヘビが多くないことを考えれば、やはりシェルターはあるに越したことはない。

どういったシェルターが良いかといえば、「種類の特性で選ぶ」に尽きる。その種が「自然界ではどんな場所を好むか」を調べるのである。

ボールパイソンなどの地上棲ニシキヘビのように、他の動物が掘った巣穴に潜む種は、中が暗くなる程度の奥行きがあり、体がハマるようなシェルターを好む。そうした穴型シェルターは、多くのヘビに気に入ってもらえるタイプだ。

ヘビが好む形状は、概ね「体が隠れる」かつ「ピッタリ収まる」である。深さがありすぎたり、あるいはヘビに対して小さすぎたりすると、せっかくケージ内に設置しても使ってくれない。そこは飼い主がトライアンドエラーを重ねる必要がある。

アオダイショウやカーペットパイソンのような樹上棲傾向が高いヘビの場合は、体全体をゆったり預けられる太い登り木だったり、体重を分散させやすい枝分かれした流木だったりを好む。ちなみに樹上棲種は幼体の時期ほどその傾向が高い。木に登ることで外敵から身を守る習性によるものであると考えられる。

樹上棲種としてはグリーンパイソンやツリーボアなども挙げられるが、こちらは比較的細い枝を好む。体の太さと同等、あるいは細いような枝は、巻き付くような体勢で長時間

木の上でとぐろをまくセイブブッシュバイパー。樹上棲種は、好みの太さの枝をレイアウトすれば素直に利用する

シェルターに収まるボアコンストリクター。ヘビはこのように、薄暗く狭い場所が落ち着くことを本能的に知っている

樹上に留まる生活に適している。実際、樹上から降りることは非常に少なく、採餌や給水も樹上で完結する。

地面に潜って暮らすスナボアやシシバナヘビ、ジムグリといった地中棲種であれば、ケージに敷く土が重要になる。種ごとに好む湿度に合わせて砂や園芸土、ヤシガラ土などを厚めに敷いた環境を整える。

爬虫類は体に何かが触れている状況を好むため、トカゲなどの爬虫類用シェルターで代用することは可能だが、種としての特性を考えるべきだろう。飼育する種に合わせた落ち着ける環境の最善を探るならば、いずれにしろシェルターは欠かせないパーツとなる。

毒ヘビを飼うことはできるの?

せっかくヘビを飼うなら「毒ヘビ」がいい——そう考える人もいるかもしれない。結論からいえば、飼育は可能だが「弱毒」に分類される種に限定される。

一般的に広く知られているコブラやハブのような〝正真正銘の毒ヘビ〟は、日本では「特定動物」に指定されており、ライオンやトラと同様、一般人が許可なく飼うことはできない。毒ヘビの他にもアミメニシキヘビやオオアナコンダなどの大型に成長するヘビも含まれる。人間の身体や命を脅かす生き物なので飼育できないのは当然といえば当然だが、中にはほとんど危険性のないヘビも含まれる。

前章で紹介したエラブウミヘビのようにおとなしい性格の種や、沖縄に分布するヒャンやハイのように体や毒牙が小さく、咬まれて毒が注入された報告のない種である。実質的には人間に害を与えない（与えられない）毒ヘビだが、れっきとした「特定動物」なので飼育してはいけない。

飼育可能な毒ヘビの代表種としては、シシバナヘビが挙げられる。口内の奥のほう（喉側）に毒牙がある「後牙類」の弱毒ヘビである。愛らしい顔とずんぐりした体型が特徴で、世界的に大人気のヘビである。しかし、可愛い見た目と普段のスローな動きに油断し、餌の冷凍マウスを素手で与えようとして指や手を咬まれる事故が年に数十件起こる。

弱毒ヘビにはミズコブラモドキやバロンコダマヘビといった種もいるが、比較的大型の種なので咬傷被害が懸念されている。弱毒とされる種であっても、毒ヘビの飼育には入念な準備と安全管理が必須である。

「特定動物」と「特定外来生物」は混同されがちだが、意味合いは全く異なる。

人間の身体や財産に危害を加える恐れのある危険な動物として環境省が指定する生き物が「特定動物」で、前述のとおり許可なく飼育できない。許可を得て飼育している場合でも、逸走（脱走）が発生すれば飼い主が刑事罰の対象になり、仮に第三者に被害が出るようなことがあれば重罰を科される可能性もある。飼育や管理の方法には厳格な規定があり、数年おきに管轄の動物愛護センターによる立ち入り検査も実施される。

一方の「特定外来生物」は、ごく簡単にいえば「日本にはもともといなかった生き物」のことだ。人間の生命・身体、国内の生態系や農業に被害を及ぼしている（もしくはその恐れがある）生物が指定されている。

有名な例は、ブラックバスやミシシッピアカミミガメなどである。特定外来生物は、生体での移動や輸入、放出、飼育、保管、譲渡が禁止され、野生での捕獲や駆除作業においても、その場での処分が必要になる。

特定外来生物は、人間の故意や不注意で逸走した個体が日本の自然環境に適応し、定着・繁殖してしまったことを理由に指定される。もともと日本で暮らしているあらゆる生物の世界は、生態系の絶妙なバランスで成り立っている。そこに外来の生物が入ってくると、もともと生息していた生物を捕食したり、餌の取り合いが生じたり、繁殖競争が発生したりと、多くの問題が生じる。外来生物が持っている細菌やウイルスは、国産の生物に悪影響があるケースもある。

そのような理由から特定外来生物に指定され、駆除の対象となってしまう。外来の動物自体は何も悪くないが、持ち込んでしまう人間や、放したり逃したりする人間がいることで、日本国内で生息していた生物が被害を受け、指定された外国産の生物は日本で飼育できなくなってしまうのである。

ペットショップなどで購入した爬虫類を他者に再販売したり、繁殖した幼体を許可なく販売したりすることも犯罪である。爬虫類は愛護動物に分類され、販売を行なうためには「第一種動物取扱業」の許可が必要だ。爬虫類、鳥類、哺乳類を販売する際には、愛護動物としてのガイドラインに則った飼育、および販売する相手への対面による個体説明、飼育説明が義務付けられている。

毒ヘビ51匹の違法飼育事件

近年、ペットとしてのヘビは人気が高まっているが、30～40年前までヘビは嫌われる動物の代表格だった。かつてスネークセンターでも「1日飼育体験」のイベントを開いたことがあったが、参加者は新聞記者1人だけ。その後、爬虫類ペットブームが来るまで飼育体験イベントは開催されなかった。

ヘビ研究者として、爬虫類に一般の関心が集まってくれることは大変嬉しい。だが、人気が高まるあまり「違法なヘビであっても飼育したい」という人も出てきてしまった。また、入手困難な毒ヘビでも「需要があるなら高値で販売する」と考えるペットショップもあるようだ。そんな背景があるので、飼い主が毒ヘビに咬まれる事件がしばしば起きる。

1991年、東京都と埼玉県でヒメガラガラヘビ咬傷が発生した。本家のガラガラヘビに比べると小型なので人間が命を落とすほどの咬傷にはならないが、東京都の事故では上野動物園から、埼玉県の事故ではスネークセンターから抗毒素が提供された。

この頃は飼育する人の知識が乏しく、ヘビを扱うためのトングやフックが普及していなかった。埼玉県の咬傷ではケージを掃除する時に、雑巾でヘビを摑もうとして咬まれた。今では全く考えられない事例である。

動物園でも飼育員がタイコブラに咬まれて呼吸停止を起こした症例（1985年）や、壊死により指を切断した症例（1992年）があった。しかし、外国産の毒ヘビによる事故の多くは、違法飼育のペットによるものである。

2008年に東京・渋谷区で発生したトウブグリーンマンバによる咬傷は、テレビや新聞などでも取り上げられて大きな話題になった。飼育者はマンションの一室で、ガラガラヘビやドクフキコブラなど危険な毒ヘビを何と51匹も飼育していた。病院へ駆け込んだ当初は「（国産の）ハブに咬まれた」と説明したというが、治療方法が異なるため「グリーンマンバに咬まれた」と白状したようだ。

この事故が起きた時、筆者（堺）は講演のために北海道に滞在しており、旭山動物園を見学中だった。携帯電話に蛇研から連絡が入り、「警視庁からの依頼で家宅捜索に同行してくれ」とのこと。急いで群馬へ戻り、車で東京へ向かった。現場に到着すると、すでに情報が漏れていたようでマスコミの姿があった。51匹の毒へビ違法飼育となれば、それはもちろん大ニュースであろう。

部屋に入ると、壁際にプラケースが大量に積まれていた。次々とケージを車に積み込んでいったが、何匹ものドクフキコブラがいた。文字通り、口から毒を噴射する習性を持っている。プラケースの上部は網目状の蓋だったので、運搬中に毒を吹かれて眼に入らないよう新聞紙を被せて注意深く運んだ。それでもケース側面にはかなり毒を吹いていた。

その他にもブームスラング、ブラックマンバ、ガラガラへビなど貴重な毒へビを何種類も車に積み、警察官と一緒にスネークセンターまで運んでから、リストを作成するために

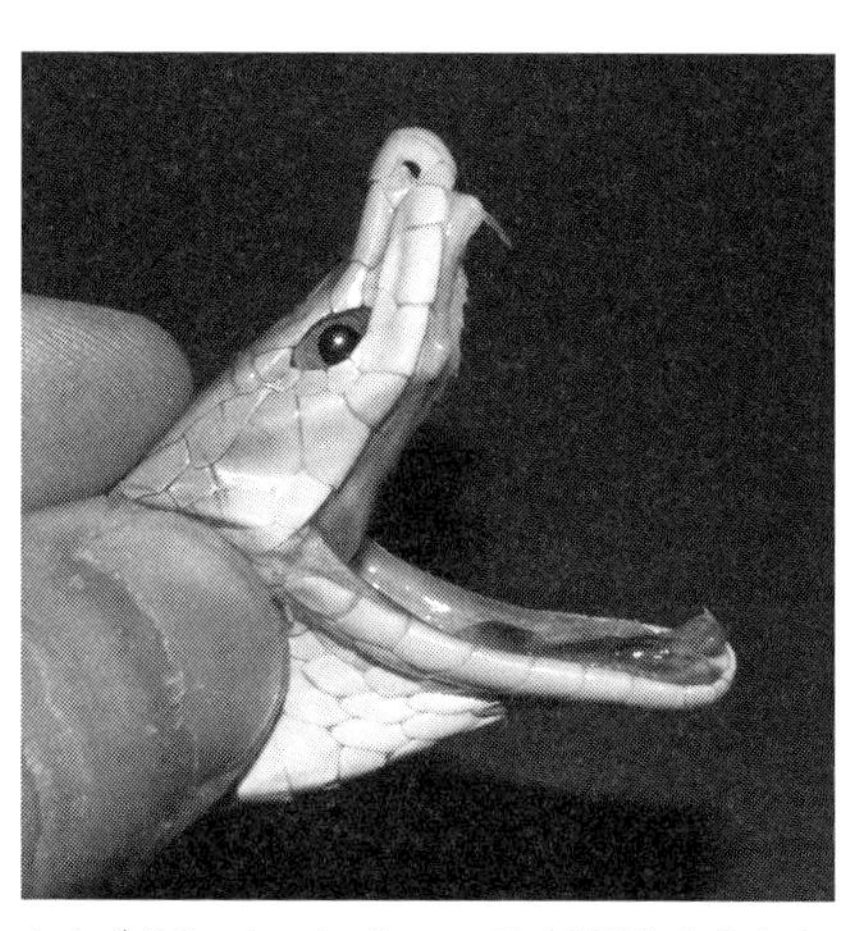

トウブグリーンマンバ。アフリカ東部に生息する樹上棲の毒へビ。体色は鮮やかな緑色で、強力な神経毒を持つが、性格は温和

種類を確認して写真を撮った。間もなく同じペットショップで販売された毒ヘビやニシキヘビ、オオトカゲなどが埼玉県と北海道でも押収され、スネークセンターに届けられた。実に80匹以上がやって来たため、受け入れ準備に非常に苦慮した。

さて、トウブグリーンマンバの咬傷患者は、神経症状はあまり強く出なかったものの強い腫れと痛み、出血が確認され、腫れは体中に広がった。肘まで血性の水疱が広がり、40日ほど入院することになった。

当時は研究者の間でもグリーンマンバ咬傷に関する情報が乏しく、文献や論文もほとんど見当たらなかった。グリーンマンバは樹上棲なので、そもそも咬傷事故が少なかったからだろう。

衣装ケースで飼われていたブラックマンバ

トウブグリーンマンバ咬傷事件の4年後、神奈川県で今度はセイブグリーンマンバの咬傷事件が起きた。トウブグリーンマンバ同様にデータがなく、似たような症状を起こすと思ったが、かなり違ったので驚いた。

同じマンバでも、ブラックマンバは地上でも樹上でも活動する。しかも動きが非常に素早く攻撃的な性格のため、飼育者が咬まれる事故がたびたび起きる。ちなみに抗毒素が作られているのはマンバの中ではブラックマンバだけである。セイブグリーンマンバに咬まれた患者は呼吸麻痺を起こして一時は人工呼吸が必要となるほど重篤化したが、処置後の回復は比較的早く12日で退院している。

この時も警察からの依頼で家宅捜索に同行したのだが、現場では餌のネズミが部屋の中を歩き回っていて匂いもきつかった。ネズミの飼育ケージだけでなく、ヘビのケージの掃除がされていなかったことが原因だった。驚くことにブラックマンバ2匹は（爬虫類用のケージではなく）プラスチック製の大きな衣装ケースに入れられていて、簡単に掃除できるものではなかったようだ。

押収された生体は24匹だったが、餌用の冷凍庫にはガラガラヘビの死体も何匹か入っていた。すべてを自分の車に載せて警察官とともに研究所まで運び、トウブグリーンマンバ事件の時と同様に1匹ずつ写真を撮って確認した。ただし、ブラックマンバの入った衣装ケースの蓋を開けるのは危険すぎて、断念したことを覚えている。

その後に判明したのだが、セイブグリーンマンバの咬傷患者は7年前にも毒ヘビのウサンバラブッシュバイパーに咬まれていた。病院からの問い合わせにスネークセンターが応じた記録が残っていたのである。当時は法律もあまり厳格でなかったためか、咬傷情報が病院から警察には伝わっておらず、違法飼育の捜査はされなかったようだ。

こうした違法飼育事件が起きるたびに、スネークセンターには世界中の毒ヘビたちがやって来るのだが、そもそもどのような形で〝輸入〟されるのだろうか。

アメリカでは毒ヘビがペットとして流通しており、さらに交配して、それらの雑種まで作られている。そうしたヘビが日本に持ち込まれるようだ。スネークセンターには「セイブガボンアダーとニシキクサリヘビの雑種」がやって来たこともあった。

手術で毒腺を摘出したヘビも輸入されていて、毒腺のないタイコブラを引き取ったこともあった。目の後方にある毒腺が除去されているので、頬がこけてコブラらしからぬ貧相な顔になっており〝ここまでして毒ヘビを飼いたいのだろうか〟と複雑な気持ちになった記憶がある。

ちなみに2005年に開催された愛知万博では、バングラデシュ館から「コブラショーをやりたいので、コブラを借りたい」という依頼を受けた。当然、強い毒を持つコブラを扱うのは危険すぎるので、この毒腺のないタイコブラを貸し出した。ところが、先方の担当者がショーの時に咬まれてしまったというオチが付いた。

ガラガラヘビなども毒腺を摘出して販売されていたようだ。もっとも、毒腺がなくても扱いは「毒ヘビ」なので許可なく飼育はできない。そもそも人工的に毒腺を除去する行為は、重大な動物虐待であることを付け加えておく。

最近では飼育許可が不要な弱毒ヘビがペットとして出回っている。おとなしい種とはいっても、餌を素手で与えたりして咬まれるケースがしばしば発生する。ヤマカガシと同じ後牙類で、牙に溝がある種類もいる。ヤマカガシ咬傷の説明でも触れたように咬むとなかなか離さないことがあり、腫れや出血、時には水疱などの症状が出る。

多く飼育されているのはセイブシシバナヘビで、病院から毎年数件の問い合わせがある。対症療法で治癒するが、腫れや水疱が酷い場合は回復までに1週間以上かかる。小型で顔も可愛らしいためか女性に人気があり、咬傷事例では女性の飼育者が多いようだ。

緑色の華奢な体型とキュートな顔が特徴のバロンコダマヘビ、美しい模様の頸部を広げる姿がコブラのように見えるミズコブラモドキによる咬傷事故も報告されている。ミズコブラモドキは全長1・5m以上にもなり、体格に比例して毒量も多い。指を咬まれると毒が回って肩まで腫れることもあるが、幸い重症化した例はない。そうした弱毒のヘビが人気になると、それだけ毒蛇咬傷の発生も増えるのは必然といえる。

念のため言及しておくと、〝無毒のヘビなら咬まれても大丈夫〟というわけではない。咬まれれば咬み傷からヘビの唾液が入る。重症例は報告されていないものの、腫れやリンパ管炎を起こしたり、強い痒みが出たりするなどの症例があり、何度も咬まれればアレルギーを引き起こす。無毒ヘビだろうと飼育する際は注意してほしい。

ヘビの「攻撃範囲」を知っておく

飼育による咬傷事例を見てきたが、一般の人が接するのは野生のヘビである。さて、昼間に畦道を歩いていたら、いきなり野生のヘビが現われた。選択肢は次の3つだ。

1　戦う
2　距離をあける
3　逃げる
　国民的ロールプレイングゲームなら「1」の一択だろうが、リアルな世界での正解は「2」もしくは「3」だ。手を出してみよう、ましてや戦おうなどと考えてはいけない。

　スネークセンターにはしばしば、「子供がヘビを捕まえようとして、手を咬まれてしまった」という連絡がある。ヘビを怖がる人が多い一方で、怖いもの知らずの子供たちは、その奇抜な体型や美しい模様に興味を示しがちだ。

　ヘビ目線で考えてみてほしい。いきなり自分より何倍も大きいよくわからない生き物が自分を捕まえようとしている。反射的に反撃するのは、至極当然の行動なのだ。ヘビが人を咬む理由は「恐ろしいから」がほとんどなのである。

　ネパールでヘビ咬傷の現地調査をしていた際、現地の人は「ヘビと出くわしたら、木の真似をする」と話していたが、それは「近づかない」というニュアンスのようだ。正解ではあるが、もちろんヘビから近寄ってくる可能性もあるので、その場合はいつまでも木のフリをしていてはいけない。

ヘビには攻撃範囲があり、その範囲に侵入すれば咬まれる可能性がある。攻撃範囲は「ヘビの全長の半分」が目安で、ハブの場合は少し長く「全長の3分の2程度」といわれる。いずれにしても、それ以上の距離を維持すれば咬まれることはない。日本の代表的な毒ヘビであるマムシは、大きくても全長60㎝ほど。つまり30㎝以内に近づかなければ、まず咬まれることはない。刺激を与えず、そっとしておくのが最善の対応である。

多くのヘビは、細長い身体の後方部（ヒトでいえば下半身）を支えにして、前方部（上半身）を鞭（むち）のようにしならせて咬みつくので、下半身が接する地面が不安定だと狙いを定めるのは難しい。ちなみに沖縄や奄美ではハブに「咬まれる」ではなく、「打たれる」と表現する人が多い。鞭のように身体をうねらせて咬みつく習性が由来である。

体全体をジャンプさせて飛びかかってくると思っている人もいるが、そのようなヘビは日本にはいない（滑空するヘビがアジアの一部などに生息している）。刺激せず、近づかなければ咬まれることはないのである。

狭い通り道にヘビがいて遠ざかれない場合は、箒のような長い棒で距離を取りながらへビの体を軽くつつくなどすればよい。そうすればヘビから逃げていくので通れるようになる。なお、大声でビビらせてもヘビには聞こえないので効果はない。

「家の中にヘビがいる。どうすればよいか？」——スネークセンターによく寄せられる問い合わせである。日本の一部地域では「ヘビが家の中にいると縁起が良い」と伝わるが、実際には多くの人にとって不快、あるいは恐怖の存在であろう。

ヘビの生態を理解し、適切な対策をすれば解決可能だ。

家屋にヘビが侵入する大きな理由はとりもなおさず、「ヘビにとって過ごしやすい環境だから」である。

家の中にいるネズミや軒下のツバメの巣、庭にいるカエルなどの小動物は、ヘビにとって格好の捕食対象となる。そうした生き物が家屋内や周辺に生息していると、ヘビも引き寄せられる。特に家屋内に侵入するネズミがいると、結果としてヘビも家に入り込む可能性が高くなる。

餌となる動物がいるだけでなく、家屋周辺が過ごしやすい環境であることもヘビが現われる理由となる。暗く湿った軒下や床下、屋根裏などは、日中の暑さを避け、夜間の寒さも凌ぐことができる。加えて外敵からも身を隠しやすい。古い家屋に見られる壁のヒビ割れや石垣の隙間は、ヘビが侵入しやすく、安全な休息場所にもなる。手入れされていない庭や草むらも絶好の隠れ家となる。ヘビにとってそうした環境は〝超高級リゾートホテル〟のようなもの。そこにいる小動物は〝ホテル内の一流レストランのメニュー〟に匹敵する。

ということは、それらの条件を解消すればヘビは寄り付きにくくなる。ネズミやツバメ、カエルなどを追い払ったり駆除したりして、家屋の隙間や穴を塞ぐ。あるいは定期的に庭の草刈りを行なうなどして、ヘビにとっての〝一流ホテル感〟を取り除いていくことが肝要である。

沖縄や奄美でのハブ対策は、まさにそうした対策の効果を示した好例である。ハブによる咬傷被害が多かった南西諸島では、住民主体のハブ環境対策が功を奏し、被害が激減している。ネズミの徹底的な駆除、ゴミの適切な管理と処理、石積みの穴を埋める、そして草刈りと周辺の清掃等を定期的に行なったのだ。その指揮を執ったのが沖縄県衛生環境研究所の所長を務め、「ハブ先生」とも呼ばれた吉田朝啓氏である。吉田氏は「『異食住』のどれかひとつを断てば、ハブは生息できなくなる」と述べている。「食」と「住」はすでに説明したが、「異」とは「異性」のことだ。吉田氏はヘビの異性を断てば中長期的にヘビはそこに存在し得ないと喝破したのである（ただし、一部の種は単為生殖できる）。沖縄のハブ対策の成果を見れば、この言葉が強い説得力を持つことがよくわかる。

結論として、ヘビを寄せ付けない最も効果的な方法は、環境管理と予防策の徹底に尽きる。もちろんヘビは生態系の重要な一員であるので、その生存権も尊重しつつ、人間との共存を図ることが理想的な解決策である。

スネークセンター的「ニュース集」

本章ではスネークセンターが関わった咬傷事件や事故をいくつか紹介してきたが、警察や自治体、病院が絡むような危ないエピソードばかりではなく、微笑ましく、心温まる物語もある。この場を借りて皆さんに紹介したい。

●あの「ダーナちゃん」がやってきた！

1998年、埼玉県の入間川沿いで4m近いアフリカニシキヘビが逸走する事件が起きた。飼い主はニシキヘビに日光浴をさせようとして河原に連れて行き、そこで逃げられてしまったという。幸いにも大捕獲作戦は成功したが、その後の飼育は難しいと判断され、飼い主が保有していた複数のニシキヘビがスネークセンターに引き取られた。

逸走したヘビは「ダーナ」と名付けられていた。団塊世代以上の方々はピンと来るかもしれない。1950年代に産経新聞（当時は産業経済新聞）に連載された冒険絵物語『少年ケニヤ』で、主人公の少年（ワタル）がピンチに陥った時に登場し、ワタルを助ける大蛇の名前だ。「新聞連載にダーナが登場する日は株価が上がる」と話題になり、『少年ケニヤ』は映画化、アニメ化されるほどの人気だった。

スネークセンターでも引き続き「ダーナちゃん」と呼んで展示し、入場者にもお馴染みの存在になったのである。

●来演者を楽しませる〝看板ヘビ〟の「巳波（みなみ）ちゃん」

「巳波ちゃん」は、一般家庭で許可を得て飼育されていた約5mのビルマニシキヘビだ。

とてもおとなしい性格のメスのヘビである。飼い主の仕事の都合でどうしても飼えなくなり、仕方なくスネークセンターが引き取りを依頼された形だ。元の飼い主さんが付けた名前は、敬意を込めて引き継がせていただいた。美しくも迫力のある体躯から、今ではスネークセンターの〝看板ヘビ〟として絶大な人気を誇る。

2021年の来園当時7歳だった巳波ちゃんは、今年（2024年）10歳を迎え、6月には子供たちも誕生した。元の飼い主さんが飼育を始めた頃はわずか40㎝ほどの幼体だったそうで、大蛇としての成長は目を見張る。

巳波ちゃんの来園で、スネークセンターにはちょっとした大蛇ブームが到来し、公式SNSも巳波ちゃんの写真のおかげで何度もバズった。来園者数が上昇するきっかけを作ってもらったのである。

巳波ちゃんは現在も超健康体で、ゴールデンウイークや夏休みのイベント、あるいはYouTubeの餌やりライブ配信でも多くのお客さんを楽しませている。巳年となる2025年も大活躍が期待される、スネークセンターの〝センター〟的存在だ。

嬉しいことに元飼い主さんとは今も交流が続いており、時々、巳波ちゃんへのお土産を

スネークセンターで保護された双頭のニホンマムシ。生存状態で見つかるのは極めてまれ。臓器などにも欠損や不全が多く、あまり長生きできない

持ってひっそりと来園される。暮らす場所は変わっても、たくさんの愛情を注がれて育っている。

●「双頭ニホンマムシ」との短くも濃密な日々

2023年10月末、埼玉県で頭が2つあるニホンマムシが発見された。最初に聞いた時は〝見間違いだろ〟と思ったのだが、持ち込まれた生体は紛れもない双頭個体だった。

出生段階の「奇形」が原因のため、頭部以外の部位や臓器にも奇形や欠損が生じやすく、長生きは難しいとされている。しかも発見された個体はその年に生まれ

たと思われる幼体で、餌を食べられるかさえ不明の状態だった。

同年11月に4日間限定で一般公開したところ、延べ3300人以上が押し寄せ、職員一同てんてこ舞いとなった。以降はバックヤードで生命維持を目的とする集中的な飼育管理の予定だったが、残念ながら公開期間終了後、ほどなくして餌を消化できずに死亡してしまった。

公式ホームページに掲載された、死亡理由や死亡後の解剖結果などには史上最多のアクセスがあり、ヘビに興味のなかった方々や、スネークセンターを知らなかった方々にも存在意義を伝えることができた。その後も多くの来園者から双頭ニホンマムシに関する問い合わせが相次いだため、園内にブースを特設し、標本を展示している。

第四章

だから人間はヘビに魅入られる

ヘビを嫌うのは「ヒトの本能」？

スネークセンターの研究員は一年中、ヘビに囲まれて生活している。ヘビに興味が尽きない者として、それは楽しい毎日である。

我々の研究のメインは「生き物としてのヘビ」ではあるが、興味の対象は生物学的な内容にとどまらない。ヘビが登場する神話や伝承といった「民俗学的なヘビ」にも自然と興味が湧き、文献を読み耽ることもある。特にお酒の席ではそうした話に花が咲く。

そんな我々が集めた、人間の歴史と文化の中に登場するヘビについて綴ってみたい。

ただし、我々は宗教学者でも民俗学者でもないので、このテーマについて学術的に解明したり、新説を唱えようとしたりする意図はないし、もちろん宗教や文化を否定したりする目的もない。あくまで「ヘビの研究者」の視点から、神話や伝承に描かれるヘビを深掘する目的である。

「生物学としてのヘビ」と「神話や民俗学としてのヘビ」を結ぶ試みは、もしかしたら「なぜ人はヘビに魅入られるのか」を考えるヒントになるかもしれない（あるいは全く役に立たないかもしれない）――そんな程度の気持ちでお読みいただければありがたい。

本書ではこれまでさんざん「ヘビは嫌われ者だ」と述べてきた。実際、多くの人はヘビを怖がる。しかし、ヘビを嫌ったり怖がったりする情動は人間の「本能」なのだろうか、それとも後天的に学習した「知識」なのだろうか。

京都大学霊長類研究所の正高（まさたか）信男・元教授が興味深い実験をしている。調査対象は生まれてから一度もヘビを見たことがない3～4歳児、合わせて54人。そしてヘビという動物を知っている20人の成人だ。

実験に使われたのは「複数の花の写真に、1枚だけヘビを交ぜたスライド群」「複数のヘビの写真に、1枚だけ花を交ぜたスライド群」「ヘビだけでなく、クモやムカデ、さらにはホース状の物体が交ざったスライド群」である。調査対象にこれらのスライド群を見せ、ヘビと花の写真を選び取る時間を計測したのである。

結果は、どの年齢層でもヘビを選び取る時間は他の物に比べて早かった。つまり、ヒトはヘビという動物に「特別の注意」を払うようにプログラムされている可能性がある。

ただし「ヘビに敏感に反応する」という性質を、「恐怖」とだけ解釈するのは議論の余地がある。「興味」の裏返しという考え方もありそうだ。

ヘビは大昔から人間の興味の対象だった。世界中の神話や伝承に登場し、しかも重要な役割を果たしてきた生き物なのである。独特な姿と動き、そして時に生き物の命を奪う「毒」を持つ。そうした性質を持っているがゆえに、ヘビは恐怖の象徴であるとともに、人類の想像力を刺激する存在でもあった。洋の東西を問わず、様々な文化圏で「特別な象徴的意味を持つ存在」として描かれている。

なぜヘビは「禁断の果実」をイブに勧めたのか

ユダヤ教、キリスト教の聖典である『創世記』で、ヘビは「誘惑者」として描かれる。神が創造した最初の人類である、アダムとイブ（エバ）の物語をご存じの方は多いだろう。ヘビはエデンの園でイブを誘惑し、禁断の果実を食べさせた。それが人類の堕落の原因とされている。狡猾さや悪者の象徴として描かれたことで、否定的なイメージの源流となってしまったようだ。

だが、この物語には〝逆の解釈〟もある。『創世記』第3章には、ヘビがイブに神の命令に逆らうよう誘いかける描写がある。ヘビは「この果実を食べると、あなたたちの目が開き、神のように善悪を知る者となることを、神は知っているのです」と言った。この誘惑に負けたイブは禁断の果実を食べ、アダムにも与えた。

その行為によって、人類はエデンの園から追放され、死と苦しみを知ることとなるのだが、禁断の果実は「善悪を知る木」の実であり、ヘビはある意味で人類に知恵をもたらした存在でもある。そのため、ヘビは「知恵の象徴」とも解釈されている。

この物語に限ったことではなく、ヘビは多様な文化圏で「善悪両面の性質」を持っているようだ。守護者や知恵の象徴である一方で、危険や誘惑の象徴でもある。この二面性は、人間の本性や世界の複雑さを反映しているとも解釈できる。

いずれにしても、ヘビは「最初の人類」の運命を激変させた動物であったことは間違いないのである。

その後もヘビは聖書にたびたび登場する。巨大怪獣として知られるのがシーサーペント

（大海蛇）である。旧約聖書の『ヨブ記』や『イザヤ書』などにも登場し、キリスト教圏では最も有名な想像上の生き物のひとつである。

シーサーペントは全長数十ｍの体躯で、船を転覆させると伝わる。口から大量の海水を噴いて攻撃し、大きなヒレがあったという〝目撃談〟も記されている。

生物学者的に考えるなら、まずは「巨大なウミヘビと見間違えた」という可能性が考えられよう。だが実在のウミヘビは２ｍを少し超える程度が最大で、シーサーペントとはほど遠い。もちろんウミヘビが海水を噴射することはなく、ヘビという生き物にヒレはない。

我々研究員の議論ではウミヘビではなく、「ヒゲクジラ類などをシーサーペントだと思った」との意見が有力だ。ヒゲクジラ類は最大の種では30ｍを超える個体も確認されている。海水ごとプランクトンを飲み込んだ後に、余った海水を口から吐き出したり、背中の孔からも海水を放出したりするからである。

シーサーペントは「深海魚のリュウグウノツカイ」という説もある。５ｍを超えるサイズの個体もいて、まれに浅い海域に現われ、発見されると話題になる。魚類なのでエラで水中の酸素を利用して呼吸できる。

爬虫類であるウミヘビにはエラがないので、水面に出て酸素を取り込まないと窒息死してしまう。スネークセンターの飼育水槽の底で静止しているエラブウミヘビも約20分の間隔で水面に頭を出して酸素を取り入れていた。もっとも20分は〝楽勝ペース〟で、もっと長時間を水底で静止していることもできる。

少し話は逸れるが、魚類（ウナギ目）の中にも「〇〇ウミヘビ」という和名を持つ種がいて、しばしば混同されることがある。１９７６年に沖縄県で「ウミヘビ型の生物」を採集し、浜辺で写真を撮っていた。すると、近くを通りかかった地元の方々から、「そのウミヘビは猛毒があるので、咬まれると大変だよ」と注意をいただいた。地元では「爬虫類のウミヘビ」と思っていたようだが、ドジョウのようなおちょぼ口でヒゲがあり、エラも有している正真正銘の魚類だった。

海に生きる生物には、見間違いや誤解が少なくない。シーサーペント伝説もその類のものなのだろう。

ヘビを愛する者として、嬉しい記述も聖書にある。旧約聖書の一節を引用する。

〈主はモーセに仰せられた。「あなたは燃える蛇を作り、それを旗ざおの上につけよ。すべてかまれた者は、それを仰ぎ見れば、生きる。」モーセは一つの青銅の蛇を作り、それを旗ざおの上につけた。もし蛇が人をかんでも、その者が青銅の蛇を仰ぎ見ると、生きた。〉（民数記21）

「青銅の蛇を仰ぎ見ると、生きた」というのは、〝神への信仰心をもって仰ぎ見た者だけが救われる〟という意味で、〝ヘビには傷や病を癒やす力がある〟と示しているともいう。

聖書はヘビを「悪者」と決めつけているわけではないのだ。

インドとエジプト、それぞれのヘビ信仰

ヘビ信仰の発祥はインドだといわれる。インド亜大陸では、コブラをモデルとする「ナーガ」と呼ばれる蛇神が重要な位置を占め、信仰の対象になっている。ナーガは水や豊穣、そして宇宙の秩序を象徴する存在として崇められる。

インドを発祥とする仏教にも、ナーガ信仰は息づいている。お釈迦様（ブッダ）が悟りを開いた際、「ナーガ王ムチリンダが雨から守った」とされる。ヘビが守護者としての役

割を持っていることを示している。

インド北部やネパールでは、「ナーグ・パンチャミ」と呼ばれるヘビ信仰の祭りが行なわれる。現地の言葉で「ナーグ」はヘビ、「パンチャミ」は新月の5日後を意味する。祭りの由来は、ヒンドゥー教のクリシュナ神が、ヘビの王・カーリヤを退治した伝承である。

カーリヤは猛毒を持つナーグ族を治める王で、5つの頭を持ち、口から火を吐いて人々を苦しめた。それを見かねたクリシュナ神が、暴れるカーリヤの頭部を踏みつけて追い払った。その行為に感謝を込めて、今でもこの祭りが続いている。

悪者のヘビを追い払ったことを祝う祭りなのに、「ヘビ信仰」と考えられているのは興味深いが、どうやら追い払われたカーリヤの怒りを鎮める意味があるのだろう。家々の壁にはカーリヤの絵が貼られ、その前に花や線香などが供えられる。地域によっては、本物のコブラにミルクを飲ませる儀式を取り入れている。

ヒンドゥー教の主神の一人であるヴィシュヌは、宇宙の海に浮かぶ「シェーシャナーガ（千頭蛇）」の上で休息する姿が描かれる。ヘビが宇宙を支える根源的な力であることを象徴しているといわれる。

古代エジプトにおいて、特にコブラは深い象徴的意味を持つ存在だ。「ウラエウス」と呼ばれる蛇形記章はファラオの権力を象徴していた。

黄金色に輝くツタンカーメンのマスクには、顎の下に鱗のような模様が、額にはヘビの頭が描かれる。何よりも、後頭部から肩にかけて扇のように広がる頭髪が印象的だ。これは、コブラが鎌首を持ち上げてフードを広げた姿がモチーフとされる。ツタンカーメンの遺体は、このマスクの棺の中に納められていた。脱皮するヘビは「再生と永遠の生命の象徴」として、こうしたデザインが採用されたのだろう。

クレオパトラの死に関する伝説にも、コブラが登場する。

絶世の美女として名高いクレオパトラ7世（紀元前69～同30年）は、ユリウス・カエサル（紀元前100～同44年）の恋人で、ローマの実力者マルクス・アントニウス（紀元前83～同30年）の妻。9つの国の言葉を操ったともいわれる。

クレオパトラはアスピス（エジプトコブラ）に自らを咬ませて自死したと伝わるが、史実としては証明されておらず、コブラを神聖視する古代エジプトならではの〝脚色〟ではないかといわれている。

それでもクレオパトラとアスピスの伝説は、後世の芸術に大きな影響を与えた。ヘビが象徴する「生と死」「権力と滅び」「神聖さと恐怖」といった二面性は、シェイクスピアが戯曲『アントニーとクレオパトラ』で「毒ヘビ自殺説」を採用したことにもつながっている。

メデューサの髪の毛は「何ヘビ」だったのか

ギリシア神話は紀元前8世紀頃の詩人ホメロスとヘシオドスが記した大叙事詩がベースとなっているが、その後に多くの著名な作家や劇作家などが手を加え、神話・伝説として拡大していった。

ギリシア神話の登場人物で、ヘビ絡みのエピソードを持つのが英雄ヘラクレス。全知全能の神ゼウスの息子で、神と人との間に生まれた「半神」という存在だ。

ゼウスは恋多き神で、多くの女性と関係を持った。ヘラクレスの母・アルクメネもそのひとりだ。アルクメネに嫉妬した正妻のヘラ女神は、彼女を殺そうと考え、その寝室に毒ヘビを送り込む。ところが赤ん坊だったヘラクレスはヘビを恐れることなく、両手で絞め殺した。まさに生まれながらの英雄である。

妖女メデューサ（ゴルゴーン3姉妹の末妹）はヘラクレス以上にヘビとの関連が強い。強いというより、体の一部がヘビである。頭から大量のヘビをニョロニョロ生やしたその姿を見た者は、恐ろしさのあまりに石になってしまうのである。

もっとも、毎日のように何百匹ものヘビを扱うスネークセンターの研究員は、石になっている暇はない。以前、研究員たちの間で「メデューサの髪は何ヘビだったのか」という議論で盛り上がったことがある。

「場所がギリシアだったら、現地に生息数の多い△△ヘビが有力だ」

「神話の時代の話だから、今の生態とは違う。すでに絶滅した××ヘビだろう」

このように最初は〝研究者らしさ〟があったのだが、興が乗ってくると〝ヘビ愛〟のあまり話がどんどん脱線してしまうのが、我々の悪い癖である。

「同じギリシア神話のヘラ女神がアルクメネ暗殺のために送り込んだのが毒ヘビだったの

だから、メデューサの髪の毛も毒ヘビと考えるのが自然だ。その場合、ドクフキコブラなら遠距離攻撃ができるから、〝見た者が石になった〟という表現も納得感が高い。もっとも、自分の目にも毒が入れば失明の危険性がある。見た者を石にしてしまう前に、メデューサは相手を見ることができなくなっていたかもしれない」

などと、ヘビ研究者とは思えない説も飛び出したのである。

ギリシア神話では、メデューサは勇者ペルセウスに殺されてしまうが、「髪の毛がヘビ」「見た者を石にする」という秀逸にして強烈な設定は、後の文学や映像作品に頻繁に登場した。彼女はその髪（ヘビ）とともに、我々の心の中で生き続けている。

ギリシア神話にはヒュードラという9つ頭の大蛇も登場する。こちらは生まれながらの〝蛇キラー〟であるヘラクレスに退治された。猛毒を持ち、首を切断してもすぐに再生する怪物にさすがの英雄も苦戦を強いられるが、首の切断面を松明（たいまつ）で焼いて再生不能にするという何ともエグい方法で勝利したのである。

同タイプの怪物が日本にもいた。古事記に登場するヤマタノオロチだ。イザナギとイザナミの間に生まれた英雄スサノオに退治されるという最期もそっくりだ。情報伝達もほとんどなかった時代に、洋の東西で多頭の大蛇伝説が描かれたのは実に興味深い。

もっとも、実在する「多頭のヘビ」は、怪物どころか非常に弱い生体である。

スネークセンターでは、1980年以降に3種（ジムグリとシマヘビ、そして第三章の最後に紹介したニホンマムシ）の双頭蛇を飼育した経験がある。いずれも生後間もない個体が野外で採集され、それらを譲り受けたものである。

残念ながら、長生きさせることはできなかった。

ジムグリはよく動き回る個体であったが、右頭の脳と左頭の脳の体への指令が矛盾している様子で、ギクシャクとした動きになっていた。餌もうまく摂れないし、敵から逃れることも困難になるので、自然界ではもっと早く死んでしまっていただろう。

ヒュードラやヤマタノオロチの脳の指揮系統がどうなっていたかは想像するしかない。それぞれの頭が勝手に動いていたとしたら、英雄に咬みつこうとして別の頭をガブリとやっていたかもしれない。それではあまりに情けない最期である。

ヘラクレスやスサノオが悪戦苦闘したとすれば、1つの脳から指示を出して9つ（8つ）の頭を動かしていたはずだ。それなら多頭を手足のように使えるので、伝説級の強さを誇っただろう。

人間とヘビが組んで、ムカデをやっつける

ヘビにまつわる文化的な背景を研究する在野の民俗学者・吉野裕子氏は、著書『蛇　日本の蛇信仰』でこう述べている。

〈中国の天地開闢(かいびゃく)の創世神は伏羲(ふっき)、女媧(じょか)の陰陽神であったが、この二神の神像は人面蛇身の兄妹神で、しかもその尾を互いにからませ合っているから夫婦関係を示している。要するに、中国の祖神は蛇なのである〉

中国でも歴史や文化の記録にヘビが頻繁に登場する。ヘビたちは水や天候を司る神聖な存在とされ、皇帝の象徴としても用いられた。中国の文化に色濃く影響を受けた日本の歴史や伝承にも、「ヘビとのつながり」が数多く見られる。

ここで少し、日本におけるヘビの呼び名について触れておこう。

平安時代以降は現代まで「へび」が一般的だが、奈良時代には「へみ」と呼ばれていたとされる。平安時代の文献にもその名残があり、「へみ」という記録が散見されるという。

平安時代には「口のついた縄」という意味で「くちなわ」も多く用いられた。ちなみに近世では「ながむし（長虫）」という〝見たまんま〟の呼び名もあった。

さらに遡ると、ヘビを指す古語に「なぎ」という表現がある。スサノオに退治されたヤマタノオロチの尻尾から出てきた「草那芸之大刀（くさなぎのたち）」の「那（なぎ）」はそれを示しているという。


ヘビにまつわる日本の伝承は挙げ始めるとキリがないのだが、まずは平安時代に起きた平将門の乱を平定した武将として名高い、俵藤太（藤原秀郷）のエピソードを紹介したい。俵藤太は将門だけでなく、「大百足退治」もやってのけていた。

この伝承には様々なバージョンがあり、細かい部分は説が分かれるので概略を記す。

〝ヘビ退治ではなくムカデ退治？〟と不思議に思う方もいるだろうが、読み進めていただければ判明するはずだ。


琵琶湖に近い橋の上に大蛇がとぐろを巻いて居座ってしまったため、人々は橋を迂回せざるを得なかった。そんな中、橋までやって来た藤太は、大蛇を気にすることなく悠々と橋を渡ってみせた。すると間もなくして藤太邸にある女性が現われ、こんな話をした。

「私は琵琶湖に棲む大蛇です。最近、性悪な大百足が現われて、我々に危害を加えるのです。我々だけでは大百足に勝てないので、橋で勇者が通るのをお待ちしておりました。どうかご助勢をお願いしたいのです」

女性が魅力的だったからかどうかはわからないが、藤太は依頼を引き受け、見事に大百足を弓で射殺した。そのお礼として、いくら使ってもなくならない銭袋や米袋を貰い、琵琶湖の竜宮城にも招待されたという。

この「ヘビ vs. ムカデ」の構図は、日本ではオーソドックスな題材のようだ。たとえば「赤城山の大蛇 vs. 日光男体山の大百足」も有名である。

昔々、赤城山の神である大蛇が、日光の男体山の神である大百足と戦い、弓矢傷を負った。傷口から引き抜いた矢を、赤城山麓に突き刺したところに湯が湧き出した。群馬県沼田市の「老神温泉」の起源と伝わる。地域によっては大蛇と大百足が入れ替わるなど諸説あるが、戦場は奥日光に広がる400haの湿原「戦場ヶ原」となったといわれる。何ともビッグスケールの戦争である。実はこの戦いでも人間は大蛇の味方についていたのである。今昔物語にも、難破した漁師たちがヘビに加勢してムカデを破るストーリーが残っている。古来の人々は〝ヘビとムカデは相性が悪い〟という認識を持っていたのかもしれない。

そんな伝承を知ると、我々はどうしても生物学的な分析をしてみたくなる。ニホンマムシはムカデを捕食することがしばしばあるが、日本に分布するトビズムカデは全長13㎝にもなり、強力な顎と毒を持つので、小型ヘビにとっては天敵となる。全長が同程度ならムカデが有利である。十数㎝程度の無毒ヘビに咬まれても、せいぜい牙痕に血がにじむ程度だ。同じ長さのムカデに咬まれることを想像するとゾッとする（実際に咬まれたことはないのだが）。

両者の戦いは攻守がどちらであっても細長い生き物同士なので、絡み合う状態になる可能性が高い。互いにどこに咬みついているかもわからないようなバトルになり、仮にその様子を人間が見ていたら、実に印象深いものであっただろう。もしかしたら、そんな観察例が両者の相性の悪さとして伝承され、伝説を生んだのではないだろうか。

抜け殻は「再生」の象徴

日本の一部地域では、ヘビは豊かさの象徴として崇められ、家の守り神として大切にされている。「ヘビの抜け殻を財布に入れておくと金運が上がる」という言い伝えは、多くの方が一度は聞いたことがあるだろう。

「抜け殻を売ってほしい」——スネークセンターにそう問い合わせてくる方もいる。話を聞くと、やはり金運アップや商売繁盛といった、ポジティブな期待を込めて購入を希望する人が多い。リクエストが多いのは美しいシロヘビやマムシの抜け殻だが、中にはニシキヘビなどの大蛇や、貴重な毒ヘビの抜け殻を所望する方もいる。抜け殻は脱ぎ捨てられた古い表皮に過ぎない。それが多くの人を魅了し、時に高値で取引されるのだから、脱いだヘビもびっくりだろう。

「金運が上がる」といった言い伝えはさておき、薄く繊細で触れたら破れそうな質感を持つ抜け殻は、規則的でありながら自然の複雑さを映し出す鱗の配列を見せる。まるで芸術作品のようでもあるので、人々を魅了し、好奇心をかき立てる。

ヘビの抜け殻は様々な文化で、「再生」や「変化」の象徴とされてきた。自らの古い殻を脱ぎ捨て、新たな姿で生まれ変わるヘビの姿は、人生の転機や成長の過程を連想させる。

生物学的な観点からも興味深い存在で、貴重な資料だ。抜け殻を詳しく観察すれば、ヘビの大きさが推測できる。ヘビの抜け殻は、実物の1・2倍ほどの大きさになる。また、ヘビによって鱗の数が異なるので種の判定にも役立つ。栄養状態が悪いヘビは、きれいに一続きで皮を脱ぐことができない。抜け殻で生体の健康状態を判断することもできる。抜け殻は自然や生物の神秘や科学の探究心が詰まった、奇跡の結晶なのである。

日本の民間信仰でも、ヘビの抜け殻は多くの地域で「縁起の良いもの」とされてきた。ヘビが脱皮して新しい姿になることは、再生のシンボルとして捉えられている。新生活を迎える人にとって、運気向上と結びつけられることが多い。

また、厄(やく)除けとしてヘビの抜け殻を家に置く風習もある。古い皮を脱ぎ捨てて新しくなるように、家の中の悪いものを取り除くという考えに基づいているようだ。

もちろんいずれも科学的な根拠はない。しかし文化的な文脈において重要な意味を持ち続けている。だから「ヘビの古い皮」以上の価値が生まれるのだろう。

スネークセンターがヘビの抜け殻を大切に保管し、商品や景品として提供しているのは、人々にヘビへの理解を深めてもらい、小さな奇跡のおすそ分けをしたいからでもある。抜け殻を手に入れた幸運な方々には、ぜひともその真の価値を理解していただきたい。それは、ヘビたちの生態を学び、彼らの存在意義を考えるきっかけにもなる。家に飾るなり、友人に見せるなりして、ヘビについての会話を広げていってほしい。そうすることで、抜け殻は単なる「モノ」ではなく、自然界と人間をつなぐ架け橋ならぬ「架け蛇」となる。それこそスネークセンターの願いである。

WHOのマークに描かれる理由

ヘビを祀る祭事は、日本各地で開催されている。

その壮観さが全国的に知られているのは、新潟県の関川村で毎年8月に行なわれる「大したもん蛇まつり」で、関川村に残る「大里峠伝説」に由来する。

その昔、関川村の蛇喰（じゃばみ）という集落に、忠蔵とおりのという夫婦が住んでいた。ある日、忠蔵は大蛇を仕留め、味噌漬けにして樽に詰める。忠蔵はおりのに「決して樽を覗いてはいけない」と言いつけるが、おりのは樽を開けて味噌漬けを食べてしまう。禁を破ったおりのは、大蛇に姿を変えて行方をくらましてしまった。

それから数年後、蔵の市という琵琶法師が大里峠で休んでいると、「おりの」と名乗る女が現われ、大蛇に身を変えられてしまった身の上を話す。そして「他言は無用」と釘を刺したうえで、「荒川を氾濫させて、一帯を自分の住処にする」と打ち明けたのだ。

驚いた蔵の市はその計画を村人に伝え、村人たちは大蛇を退治するのだが、「他言無用」の約束を破った蔵の市は、琵琶と笠と杖を残して消えてしまった――。

この伝承を今に伝える「大したもん蛇まつり」では、関川村内の54の集落が協力して作った長さ82・8m、太さ1・2m、重さ2tのヘビが村内を練り歩く。このヘビは「藁（わら）と竹で作られた世界一長い蛇」としてギネス認定されている。

群馬県の沼田市にある老神温泉では、毎年5月の第2金曜と土曜に「大蛇まつり」が行なわれる。先に紹介した「赤城山の大蛇vs日光男体山の大百足」に由来し、地域住民たちが大蛇の神輿を担いで温泉街を練り歩く。

この沼田市の「老神温泉」、山口県岩国市の「岩國白蛇神社」、そして東京都品川区の「蛇窪神社」は〝日本三大白蛇聖地〟といわれる。岩國白蛇神社や蛇窪神社には白蛇をモチーフにした様々なモニュメントがあり、生きている白蛇を見ることもできる。

古今東西、白色は多くの文化において「純粋さ」「神聖さ」の象徴とされてきた。日本においても神道の伝統では白色が清浄を表わし、神社の注連縄や神職の衣装に用いられる。仏教においても白色は悟りや解脱を象徴することがある。

そうした背景があるからこそ、通常は忌避されがちなヘビであっても、白い色をしていることで一転して崇拝の対象となっているのだろう。シロヘビの展示はスネークセンターでも人気イベントのひとつである。

シロヘビはアルビノ（先天性色素欠乏症）、あるいは部分的な色素欠乏の個体で、日光に弱く、野生下での生存率は低いとされる。珍しさゆえに密猟の対象となり、自然界では目立つために天敵からの捕食対象となりやすく、個体数の減少も危惧されている。

それでもシロヘビは古来、神の使者、あるいは神の化身として崇められてきた。特に「弁財天の化身」という伝承が多く、知恵や芸術、財運との結びつきが強い。実際、「シロヘビを見ると幸せになれる」と伝わる地域は多く、その出現は豊作や繁栄をもたらすと考えられている。

岩國白蛇神社のホームページには「御由緒」として、〈岩国の白蛇は300年以上生息の歴史があり、岩国藩の藩主である吉川家の米蔵を白蛇がネズミの害から守ってきたと信じられ、いつの頃からか弁財天（インドの水の神）と習合し、岩国市の各地に白蛇堂や祠が創られるに至りました〉と紹介されている。スネークセンターでは岩国市からの委託で、絶滅危機にある岩国のシロヘビの保存のために飼育や繁殖の研究を行なったことがある。

シロヘビではなく、恐ろしい「毒ヘビ」を神聖視する地域もある。アメリカ先住民の文化では、多くの部族で猛毒を持つガラガラヘビは「力と変容の象徴」とされ、神話や祭事の中で重要な役割を果たす。たとえばホピ族の「蛇踊り」では、儀式でガラガラヘビの生体を用いて雨乞いや豊穣の祈願をする。

沖縄や奄美群島ではハブを「恐れの対象」と見る一方で、「畏れの対象」とする文化もある。一部地域では、ハブを「家の守り神」として祀る習慣があり、ハブが家に現われることを吉兆としている（咬まれたら危険なのだが）。

奄美大島ではやむを得ずハブを殺してしまった場合、「次は喜界島に生まれますように」と祈りを捧げて丁重に埋葬する習わしがあった。喜界島は奄美群島の中でハブが生息していない島として知られている。

そして最も意外なのは、ヘビが「医療の象徴」となっている事実である。

毒ヘビによる咬傷被害は「生き物による人間の死亡原因の第3位」であり、WHO（世界保健機関）は、人類の生命や健康を害する深刻な問題と位置づけている。

驚くことに、そう啓発するWHOのマークには何と「杖に巻き付いたヘビ」が描かれているのである。古代ギリシアの医神アスクレピオスが持つ杖と、ヘビの脱皮が再生や回復を象徴することから、医療のシンボルとして採用されたといわれる。

日本医師会やアメリカ医師会のマークにも、ヘビが描かれている。またインドの伝統医学であるアーユルヴェーダにおいても、ヘビは「医療や治癒のシンボル」として重要な役割を果たしている。

＊

スネークセンター研究員の叡智（？）を集めて、ヘビの歴史と文化について述べさせていただいた。ただし我々の専門分野ではないので、項目ごとの知識の深度に凹凸があり、読みにくい部分もあったかもしれない。重ねて言い訳がましいが、我々はヘビを取り巻く歴史や文化を網羅しているわけではない。また、紹介した伝承には諸説あることもお断わりさせていただく。

日本各地、そして世界を見渡せばさらに多くの伝承や物語がいくらでもある。興味が湧いた方は、ぜひ自ら調べてみてほしい。

ヘビの象徴性は、文化や地域を超えて多くの共通点を持ちながらも、それぞれの文化的文脈に応じて独自の解釈や意味を持っていると思う。この普遍性と多様性は、人類の想像力の豊かさを示すとともに、自然界の神秘的な存在に対する人間の複雑な感情を反映している。古代の神話や宗教から現代に至るまで、ヘビは人類の文化に深く根付いた存在であり続けているのだ。

本章の冒頭で紹介した京都大学の正高信男・元教授は、「人がヘビのイメージを見る時に、判断力が亢進する」と実験で明らかにしている。

ヘビを見て、ヘビを考え、ヘビの象徴性を理解することは、あなたの判断力を磨くとともに、人類の文化や信仰を深く知るための鍵となるのかもしれない。

あとがき

ここまで読んでくださった皆様に心からの感謝を申し上げるとともに、もう少しだけジャパン・スネークセンターの与太話に付き合っていただきたい。

本書の執筆には、当センターの研究員4人が携わったのだが、書き終えて全員の共通した感想は「超・大変だった」である。出版の打診は2024年の5月だった。そして、調査と執筆が始まったのは6月からである。そして、締め切りは10月いっぱい。

複数人で執筆を担当しているとはいえ、約4ヶ月で書き上げたことになる。文章でメシを食っている方々にしてみれば余裕のスケジュールかもしれないが、なにしろスネークセンターの繁忙期は、ゴールデンウイーク前後の5月から夏休み、さらに9月のシルバーウイークまでだ。しかも巳年の前年とあって、来園するお客様は、例年以上に多かった。ただでさえ大忙しだったのである。

しかしながら本書を出版できたことはとても嬉しいし、大変だった気持ちと同じくらい「やって良かった」という達成感を覚えている。

スネークセンターはヘビ専門の動物園であるだけでなく、その生態や毒の研究機関でもある。一般の方々はもちろん、病院からもヘビ毒の治療に関する問い合わせが多く寄せられる。警察機関からは、逃げ出したヘビの保護や捜索依頼が来る。通常の開園業務と並行して、そうした依頼や問い合わせにも日々対応している。

リクエストに応えるためには日々のヘビ研究が欠かせない。それには時間とお金がかかる。大学や公的な研究機関と違って、現在の蛇研には国や自治体からの援助はゼロである。つまり、自分たちの手で稼がなければならない。だからこそ、ヘビ専門の動物園として活動し、エンターテインメントとしてのイベントや関連グッズの販売にも力を入れている。

ここは自給自足の研究活動家が集まる場所なのである。ただヘビを研究するだけでなく、ヘビとヒトの生活を守るために、商業的にも活きる一芸を備えた研究者。そんな自分たちのことを、我々は「変人」と自任し、誇っている。

ヘビは世間的にいうと嫌われ者だ。しかし、本書を読んでいただいた方であればもうおわかりのとおり、彼らは自ら進んで嫌われているわけではない。ただストイックに生きているだけなのだ。それは他の動物も、そして我々人間と何ら変わらない。たとえ人間が所有する土地であっても、同じ場所に暮らす動物たちにその概念はない。排他的な考えを持つことはナンセンスだ。

彼らを正しく恐れ、なんなら好きになっていただくために、我々は日々情報発信を続けている。それこそがヘビの尊厳と未来を守り、共存するための一助になると信じている。

そうした情報発信は、「日本蛇族学術研究所（蛇研）」の看板があってこそ成立する。長い歴史が積み上げてきた研究成果と、ヘビ問題解決の実績は、他に例を見ないものだろう。だからこそ、発信する情報にはそれなりの信頼と重責を伴う。所属する研究員は、この大看板を背負い、自身の研究分野の開拓と活動に大いに利用し、これからもヘビと真摯に向き合い続けていく。

2025年の巳年を控え、我々も少しずつではあるが、新しい時代に向けた変革の準備を進めている。変革は、組織を新しい時代に沿ったものにするために必要だ。ヘビのことだけを考えていたいのが本音ではあるが、ヘビだって成長のために脱皮する。我々も負けてはいられない。積み上げてきた歴史を守りながら、商業・観光・社会貢献・研究のすべてで、今以上の存在感を放つ1年にすることを目標に掲げたい。そして、本書がそのきっかけになることを願っている。

2025年という節目に、産業革命ならぬ「巳年革命」を起こすべく、蛇研の「変人」たちが巻き起こす変革に、ぜひご注目いただきたい。

最後に、編集を担当してくださった末並俊司氏に心から敬意を表し、筆をおく。

Venomous snake bites: Clinical diagnosis and treatment. J Intensive Care, 3(1), 16. doi: 10.1186/s40560-015-0081-8.

World Health Organization. Snakebite envenoming. Kasturiratne, A., Wickremasinghe, A.R., de Silva, N., Gunawardena, N.K., Pathmeswaran, A.,

Premaratna, R., et al. (2008). The global burden of snakebite: A literature analysis and modelling based on regional estimates of envenoming and deaths. PLoS Med, 5(11), e218.

Alirol, E., Sharma, S.K., Bawaskar, H.S., Kuch, U., & Chappuis, F. (2010). Snake Bite in South Asia: A Review. PLoS Negl Trop Dis, 4(1), e603. https://journals.plos.org/plosntds/article?id=10.1371/journal.pntd.0000603.

Gates, B. (2014). The Deadliest Animal in the World. Gates Notes.

Poole, Anthony. (1995). Ancient Egyptian Snake Mythology as Seen at the British Museum. British Herpetological Society Bulletin, 54, 37–38.

Tolentino, C. (2024). Snake Gods and Goddesses: 19 Serpent Deities from Around the World. History Cooperative.

Pure team, Christian. (2024). The Serpent' s Role in the Bible: What Does a Snake Symbolize in Christianity? Christian Pure.

Varner, J. (2014). Mythology World Tour: The Dahomey Religion. Mythology World Tour. http://jeremyvarner.com/blog/2014/10/mythology-world-tour-the-dahomey-religion/.

Afroz, A., Siddiquea, B.N., Chowdhury, H.A., Jackson, T.N., & Watt, A.D. (2024). Snakebite envenoming: A systematic review and meta-analysis of global morbidity and mortality. PLoS Negl Trop Dis, 18(4), e0012080. doi: 10.1371/journal.pntd.0012080. PMID: 38574167; PMCID: PMC11020954.

Chowdhury, M.A.W., Müller, J., & Varela, S. (2021). Climate change and the increase of human population will threaten conservation of Asian cobras. Sci Rep, 11, 18113.

Martín, G., Yáñez-Arenas, C., Rangel-Camacho, R., Murray, K.A., Goldstein, E., Iwamura, T., et al. (2021). Implications of global environmental change for the burden of snakebite. Toxicon X, 9–10, 100069. pmid:34258577; PMCID: PMC8254007.

Hall, S.R., Rasmussen, S.A., Crittenden, E., Dawson, C.A., Bartlett, K.E., Westhorpe, A.P., Albulescu, L.O., Kool, J., Gutiérrez, J.M., & Casewell, N.R. (2023). Repurposed drugs and their combinations prevent morbidity-inducing dermonecrosis caused by diverse cytotoxic snake venoms. Nat Commun, 14, 7812.

Albulescu, L.O., Hale, M.S., Ainsworth, S., Alsolaiss, J., Crittenden, E., Calvete, J.J., Evans, C., Wilkinson, M.C., Harrison, R.A., Kool, J., & Casewell, N.R. (2020). Preclinical validation of a repurposed metal chelator as an early-intervention therapeutic for hemotoxic snakebite. Sci Transl Med, 12(542), eaay8314. doi: 10.1126/scitranslmed.aay8314. PMID: 32376771; PMCID: PMC7116364.

〈参考文献〉（順不同）

『ハブ捕り物語』中本英一（三交社、1985）
『日本ヘビ類大全』田原 義太慶、福山 伊吹、福山 亮部、堺 淳（誠文堂新光社、2024）
『詳しいハブ対策　気づかない危険の回避を永遠に』西村昌彦（新星出版、2014）
『毒ヘビ全書』田原義太慶（グラフィック社、2020）
『ヘビという生き方』H・B・リリーホワイト（東海大学出版部、2019／原著は2014）
『今すぐ知りたい　血清療法の実臨床』一二三亨（日本医事新報社、2023）
『完本　毒蛇』小林照幸（文藝春秋、2000）
『奄美でハブを40年研究してきました。』服部正策（新潮社、2024）
『免疫と血清　ハブ毒との戦い』沢井芳男（日本放送出版協会、1972）
『新　日本両生爬虫類図鑑』日本爬虫両棲類学会編（サンライズ出版、2021）
『The Snake』1－28巻（日本蛇族学術研究所、1969－1998）
『蛇を語る』髙橋渉二（榕樹書林、2021）
『最新ヘビ学入門90の疑問』C・H・アーンスト、G・R・ズック（平凡社、1999）
『蛇と十字架 東西の風土と宗教』安田喜憲（人文書院、1994）
『蛇物語　その神秘と伝説』笹間良彦（第一書房、1991）
『蛇 日本の蛇信仰』吉野裕子（講談社、1999）
『聖書　新改訳』新改訳聖書刊行会・訳（日本聖書刊行会、1970）

神戸新聞（2022年10月20日）「コロナ禍のアウトドアブームが影響？ マムシにかまれる被害急増 対処法、医師や専門家が助言」

服部正策、吉村憲（2024）「鹿児島県ハブ情報での変化を追う」令和5年度ハブとの共存に関わる総合調査事業報告書

Yoshimura, K. (2024). Snakebite prevention and coexistence with Habu: Success story and key approaches in the Amami islands in Japan. 2024 International Conference on Clinical and Analytical Toxicology in Japan, DOI: 10.13140/RG.2.2.15825.75364.

WHO. (2010). Guidelines for the Production, Control and Regulation of Snake Antivenom Immunoglobulins. WHO, Geneva.

Weinstein, S.A., Warrell, D.A., & Keyler, D.A. (2023). Venomous Bites from Non-Venomous Snakes (2nd ed.). Elsevier.

Tan, K.Y., Ng, T.S., Bourges, A., Ismail, A.K., Maharani, T., Khomvilai, S., Sitprija, V., Tan, N.H., & Tan, C.H. (2020). Geographical variations in king cobra (Ophiophagus hannah) venom from Thailand, Malaysia, Indonesia and China: On venom lethality, antivenom immunoreactivity and in vivo neutralization. Acta Tropica, 203, 105311.

Aoki, Y., Yoshimura, K., Sakai, A., Tachikawa, A., Tsukamoto, Y., Takahashi, K., Yamano, S., Smith, C., Hayakawa, K., Tasaki, O., Ariyoshi, K., & Warrell, D.A. (2023). Exotic (non-native) snakebite envenomation in Japan: A review of the literature between 2000 and 2022. Toxicon, 232, 107226. doi: 10.1016/j.toxicon.2023.107226.

Yoshimura, K., Hossain, M., Tojo, B., Tieu, P., Trinh, N.N., Huy, N.T., Sato, M., & Moji, K. (2023). Barriers to hospital treatment among Bede snake charmers in Bangladesh with special reference to venomous snakebite. PLoS Negl Trop Dis, 17(10), e0011576. doi: 10.1371/journal.pntd.0011576.

Hifumi, T., Sakai, A., Kondo, Y., Yamamoto, A., Morine, N., Ato, M., Shibayama, K., Umezawa, K., Kiriu, N., Kato, H., Koido, Y., Inoue, J., Kawakita, K., & Kuroda, Y. (2015).

ジャパン・スネークセンター

一般財団法人「日本蛇族学術研究所」が運営するヘビ専門の動物園・研究施設として1965年に開園。毒蛇咬傷の疫学調査や抗毒素（血清）の製造・研究を行なう一方、国内外の貴重なヘビを飼育・展示する。咬まれた際の対処を案内する「毒ヘビ110番」の活動のほか、ヘビの咬傷や逸走（脱走）の際に捜査機関に協力することもある。本書は4人の研究員（堺淳、森口一、高木優、吉村憲）がそれぞれの得意分野を分担して執筆。

構成・編集：末並俊司
写真提供：ジャパン・スネークセンター
撮影：木村圭司

ヘビ学
毒・鱗・脱皮・動きの秘密

二〇二四年　十二月七日　初版第一刷発行
二〇二五年　三月十日　第二刷発行

著者　ジャパン・スネークセンター
発行人　鈴木亮介
発行所　株式会社小学館
〒一〇一－八〇〇一　東京都千代田区一ツ橋二ノ三ノ一
電話　編集：〇三－三二三〇－五九八二
販売：〇三－五二八一－三五五五

印刷・製本　中央精版印刷株式会社

Printed in Japan ISBN978-4-09-825481-1